Introduzione alla Sintropia

Ulisse Di Corpo

Antonella Vannini

www.sintropia.it

Copyright © 2011 Ulisse Di Corpo & -Antonella Vannini

ISBN: 9781096043683

INDICE

Sintropia	1
Termodinamica e biodinamica	19
Equilibrio dinamico tra entropia e sintropia	33
Il Tempo	65
La bussola del cuore	79
Bisogni vitali e la forza invisibile dell'amore	123
Attrattori	137
Mente e coscienza	161
La Teoria Unitaria e la Teoria del Tutto	187
Metodologia sintropica	229
Sintropia e meccanica quantistica	271
Epilogo	299

SINTROPIA

La nozione di energia deriva dal fatto che i sistemi fisici possiedono una quantità che può essere trasformata in una forza.

Questa quantità può assumere la forma di calore, massa, elettromagnetismo, energia potenziale, cinetica, nucleare e chimica.

Nonostante sia usata e studiata *"è importante rendersi conto che in fisica oggi non abbiamo alcuna conoscenza di cosa sia l'energia"*.[1]

La relazione energia-massa:

$$E = mc^2$$

che tutti noi associamo ad Einstein, fu pubblicata per la prima volta da Oliver Heaviside nel 1890[2], poi da Henri Poincaré nel

---

[1] Feynman R (1965), *The Feynman Lectures on Physics*, California Institute of Technology, 1965, 3.
[2] Auffray J.P., *Dual origin of E=mc2*:http://arxiv.org/pdf/physics/0608289.pdf

1900[3] e da Olinto De Pretto nel 1904[4]. Olinto De Pretto la presentò al *Reale Istituto Veneto di Scienze* in un saggio con prefazione dell'astronomo e senatore Giovanni Schiaparelli.

Sembra che questa equazione sia arrivata a Einstein attraverso suo padre Hermann che era responsabile per i sistemi di illuminazione di Verona e che, come direttore della *"Privilegiata Impresa Elettrica Einstein"*, ebbe frequenti contatti con la Fonderia De Pretto che produceva le turbine per l'elettricità.

Tuttavia, la $E=mc^2$ non tiene conto della quantità di moto, che è anche una forma di energia e nel 1905 Einstein aggiunse la quantità di moto (p), ottenendo così l'equazione energia-momento-massa:

$$E^2 = m^2c^4 + p^2c^2$$

Poiché l'energia è al quadrato (E^2) e nel momento (p) c'è il tempo si deve utilizzare una

---

[3]Poincaré H,. *Arch. néerland. sci.* 2, 5, 252-278 (1900).
[4]De Pretto O., *Lettere ed Arti*, LXIII, II, 439-500 (1904), Reale Istituto Veneto di Scienze.

radice quadrata ottenendo due soluzioni: energia a tempo negativo ed energia a tempo positivo.

 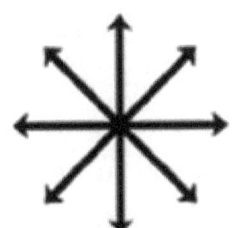

E^{-t}, energia a tempo negativo, si manifesta come energia convergente

E^{+t}, energia a tempo positivo, si manifesta come energia divergente

L'energia a tempo positivo implica la causalità, mentre l'energia a tempo negativo implica la retrocausalità: il futuro che retroagisce sul passato. Ciò era considerato impossibile e per risolvere questo paradosso Einstein rimosse il momento, dato che è praticamente uguale a zero rispetto alla velocità della luce (c). In questo modo, si torna alla $E=mc^2$.

Tuttavia, nel 1924 fu scoperto lo spin dell'elettrone. Lo spin è un momento angolare, una rotazione dell'elettrone su se stesso ad una velocità prossima a quella della luce. Poiché questa velocità è molto elevata, la quantità di moto non può essere considerata uguale a zero e nella meccanica quantistica l'equazione energia-momento-massa deve essere utilizzata con la sua duplice soluzione.

La prima equazione che combinò la relatività ristretta[5] di Einstein e la meccanica quantistica fu formulata nel 1926 da Oskar Klein e Walter Gordon e ha due soluzioni: onde anticipate e onde ritardate. Le onde anticipate vennero respinte, poiché implicano la retrocausalità che era considerata impossibile.

La seconda equazione, formulata nel 1928 da Paul Dirac, ha anch'essa due soluzioni: elettroni e neg-elettroni (ora chiamati positroni). L'esistenza dei positroni (che si propagano a ritroso nel tempo) fu dimostrata nel 1932 da Carl Andersen.

Poco dopo Wolfgang Pauli e Carl Gustav Jung formularono la teoria delle sincronicità. Partendo dalla duplice soluzione giunsero alla conclusione che la realtà è supercausale, con cause che agiscono dal passato e sincronicità

---

[5] La relatività ristretta è anche chiamata relatività speciale

che agiscono dal futuro.

Nel 1933 Heisenberg, che aveva una forte personalità carismatica e una posizione di primo piano nelle istituzioni e nel mondo accademico, dichiarò impossibile la soluzione a tempo negativo. Da quel momento, chiunque si avventura nello studio della retrocausalità viene screditato, perde la posizione accademica, la possibilità di pubblicare e di parlare alle conferenze.

Luigi Fantappiè aveva studiato matematica pura alla Normale di Pisa, dove era stato compagno di classe di Enrico Fermi. Era apprezzato tra i fisici al punto che nel 1951 Oppenheimer lo invitò a diventare membro dell'esclusivo *"Institute for Advanced Study"* di Princeton e lavorare direttamente con Einstein.

Come matematico Fantappiè non poteva accettare che Heisenberg avesse respinto metà delle soluzioni delle equazioni fondamentali e nel 1941, mentre elencava le proprietà dell'energia a tempo positivo e quella a tempo negativo, Fantappiè scoprì che l'energia a tempo positivo è governata dalla legge dell'entropia, mentre l'energia a tempo negativo è governata da una legge complementare che chiamò sintropia, combinando le parole greche *syn* che significa convergere e *tropos* che significa tendenza.

L'entropia è la tendenza alla dissipazione di energia, la famosa seconda legge della termodinamica, nota anche come legge della morte termica. Al contrario, la sintropia è la tendenza alla concentrazione di energia, all'aumento della differenziazione, della complessità e delle strutture. Queste sono le proprietà misteriose della vita!

Nel 1944 Fantappiè pubblicò il libro *"Principi di una Teoria Unitaria del Mondo Fisico e Biologico"* in cui suggeriva che il mondo fisico-materiale è governato dall'entropia e dalla causalità, mentre il mondo biologico è governato dalla sintropia e dalla retrocausalità.[6]

Non possiamo vedere il futuro e quindi la retrocausalità è invisibile! La duplice soluzione delle equazioni fondamentali suggerisce la presenza di una realtà visibile (causale ed

---

[6] Fantappiè L., *Principi di una teoria unitaria del mondo fisico e biologico*. Humanitas Nova, Roma 1944.

entropica) e di una invisibile (retrocausale e sintropica).

La prima legge della termodinamica afferma che l'energia è un'unità che non può essere creata o distrutta, ma solo trasformata, e l'equazione energia-momento-massa mostra che questa unità ha due componenti: l'entropia e la sintropia. Possiamo quindi scrivere:

1=Entropia+Sintropia   Sintropia=1−Entropia

dove la sintropia è il complemento dell'entropia! La vita si trova tra queste due componenti: una visibile e l'altra invisibile, una entropica e l'altra sintropica, e ciò può essere rappresentato usando un'altalena.

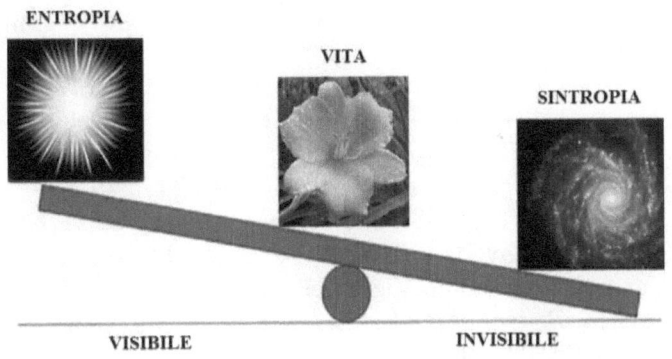

Non possiamo vedere il futuro e quindi la sintropia è invisibile!

Un esempio è fornito dalla gravità. Sperimentiamo continuamente la gravità, ma non possiamo vederla. Secondo la soluzione a tempo negativo la gravità è una forza che diverge dal futuro e, per noi che procediamo in avanti nel tempo, è una forza convergente. Il fatto che la gravità sia invisibile è noto a tutti, ma che diverga dal futuro è noto a pochi.

Possiamo provarlo?

Sì, ed è abbastanza semplice. Se la gravità si propaga dal futuro, la sua velocità deve superare quella della luce. Tom van Flandern[7,8,9], astronomo americano specializzato in meccanica celeste, ha

---

[7] Van Flander T. (1996), *Possible New Properties of Gravity*, Astrophysics and Space Science 244:249-261.
[8] Van Flander T. (1998), *The Speed of Gravity What the Experiments Say*, Physics Letters A 250:1-11.
[9] Van Flandern T. and Vigier J.P. (1999), *The Speed of Gravity – Repeal of the Speed Limit*, Foundations of Physics 32:1031-1068.

sviluppato una serie di procedure per misurare la velocità di propagazione della gravità.

Nel caso della luce, che ha una velocità costante di circa 300.000 chilometri al secondo, osserviamo il fenomeno dell'aberrazione. La luce solare impiega circa 500 secondi per raggiungere la Terra. Quindi quando arriva, vediamo il Sole nella posizione che occupava 500 secondi prima. Questa differenza equivale a circa 20 secondi di arco, una grande quantità per gli astronomi. La luce del sole arriva sulla Terra da un angolo leggermente spostato e questo spostamento è chiamato aberrazione.

Se la velocità di propagazione della gravità fosse limitata, ci aspetteremmo di osservare l'aberrazione nelle misurazioni gravitazionali. La gravità dovrebbe essere massima nella posizione occupata dal Sole quando la gravità ha lasciato il Sole. Invece, le osservazioni indicano che non vi è alcun ritardo rilevabile nella propagazione della gravità dal Sole alla Terra. La direzione dell'attrazione gravitazionale del Sole è esattamente verso la posizione in cui si trova il Sole, non verso una posizione precedente, e questo dimostra che la velocità di propagazione della gravità è infinita.

La propagazione istantanea della gravità può essere spiegata solo se accettiamo che la gravità è una forza che diverge all'indietro nel tempo, una manifestazione fisica della sintropia.

Fantappiè non riuscì a dimostrare la sua teoria, dal momento che il metodo sperimentale richiede la manipolazione delle cause prima di osservarne gli effetti.

I generatori di eventi casuali (REG: random event generators) sono adesso disponibili. Questi sistemi consentono di eseguire esperimenti in cui le cause vengono manipolate dopo i loro effetti, nel futuro.

Il primo studio sperimentale sulla retrocausalità, realizzato da Dean Radin dell'ION (Institute of Noetic Sciences)[10], misurava la frequenza cardiaca, la conduttanza cutanea e la pressione sanguigna in soggetti a cui venivano presentate immagini bianche per

---

[10] Radin D.I. (1997), *Unconscious perception of future emotions: An experiment in presentiment*, Journal of Scientific Exploration, 11(2): 163-180.

5 secondi seguite da immagini che, sulla base di un generatore di eventi casuali, potevano essere neutre o emotive. I risultati hanno mostrato una significativa attivazione dei parametri del sistema nervoso autonomo, prima della presentazione delle immagini emotive.

Nel 2003, Spottiswoode e May, del Cognitive Science Laboratory, hanno replicato questo esperimento eseguendo una serie di controlli per studiare possibili artefatti e spiegazioni alternative. I risultati hanno confermato quelli già ottenuti da Radin[11]. Risultati simili sono stati ottenuti da altri autori, come McCraty, Atkinson e Bradley [12], Radin e Schlitz[13] e May, Paulinyi e Vassy[14], sempre

---

[11] Spottiswoode P (2003) e May E, *Skin Conductance Prestimulus Response: Analyses, Artifacts and a Pilot Study*, Journal of Scientific Exploration, 2003, 17(4): 617-641.

[12] McCratly R (2004), Atkinson M e Bradely RT, *Electrophysiological Evidence of Intuition: Part 1*, Journal of Alternative and Complementary Medicine; 2004, 10(1): 133-143.

[13] Radin DI (2005) e Schlitz MJ, *Gut feelings, intuition, and emotions: An exploratory study*, Journal of Alternative and Complementary Medicine, 2005, 11(4): 85-91.

[14] May EC (2005), Paulinyi T e Vassy Z, *Anomalous Anticipatory Skin Conductance Response to Acoustic*

usando i parametri del sistema nervoso autonomo.

Daryl Bem, psicologo e professore alla Cornell University, descrive nove esperimenti classici condotti in modalità retrocausale per ottenere gli effetti prima anziché dopo lo stimolo. Ad esempio, in un esperimento di priming, al soggetto viene chiesto di giudicare se l'immagine è positiva (piacevole) o negativa (spiacevole) premendo un pulsante il più rapidamente possibile. Il tempo di reazione viene registrato.[15]

Poco prima dell'immagine positiva o negativa, una parola viene presentata brevemente, al di sotto della soglia in modo che non sia percepibile a livello conscio. Questa parola è chiamata *"prime"* ed è stato osservato che i soggetti tendono a rispondere più rapidamente quando il prime è congruente con l'immagine che segue, sia che si tratti di

---

Stimuli: Experimental Results and Speculation about a Mechanism, The Journal of Alternative and Complementary Medicine. August 2005, 11(4): 695-702.
[15] Bem D (2011), *Feeling the future: Experimental evidence for anomalous retroactive influences on cognition and affect*, Journal of Personality and Social Psychology, Jan 31, 2011.

un'immagine positiva o negativa, mentre le reazioni diventano più lente quando non sono congruenti, ad esempio quando la parola è positiva mentre l'immagine è negativa.

Negli esperimenti di retro-priming, la consueta procedura di stimolo si svolge in un secondo momento, piuttosto che prima che il soggetto risponda, sulla base dell'ipotesi che questa procedura "inversa" possa influenzare retrocausalmente le risposte. Gli esperimenti sono stati condotti su più di un migliaio di soggetti e hanno mostrato effetti retrocausali con significatività statistica di una possibilità su 134.000.000.000 di sbagliare quando si afferma l'esistenza dell'effetto retrocausale.

La sintropia spiega questi risultati nel modo seguente:

"Poiché la vita si nutre di sintropia e la sintropia si propaga a ritroso nel tempo, i parametri del sistema nervoso autonomo che sostiene le funzioni vitali devono reagire in anticipo agli stimoli futuri."

Come parte della sua tesi di dottorato in psicologia cognitiva, Antonella Vannini ha condotto quattro esperimenti utilizzando misurazioni della frequenza cardiaca per studiare l'effetto retrocausale.[16]

Ogni prova sperimentale era divisa in 3 fasi:

FASE 1				FASE 2	FASE 3
Presentazione dei colori e misurazione della frequenza cardiaca				Scelta	Selezione Random
Blu	Verde	Rosso	Giallo	Blu/Verde/Rosso/Giallo	Target: rosso
4 secondi	4 secondi	4 secondi	4 secondi		

- *Fase 1,* in cui venivano visualizzati 4 colori uno dopo l'altro sullo schermo del computer. Il soggetto doveva guardare questi colori e durante la loro presentazione la frequenza cardiaca veniva misurata.
- *Fase 2,* in cui veniva visualizzata un'immagine con 4 barre colorate e il soggetto doveva cercare di indovinare il colore che il computer avrebbe selezionato.

---

[16] Vannini A. e Di Corpo U., Retrocausalità, esperimenti e teoria, https://www.amazon.it/dp/1520892527

- *Fase 3,* in cui il computer selezionava in modo random il colore e lo mostrava a tutto schermo.

L'ipotesi era che nel caso di effetto retrocausale si dovesse osservare una differenza tra le frequenze cardiache misurate nella fase 1 in correlazione con il colore target selezionato nella fase 3 dal computer.

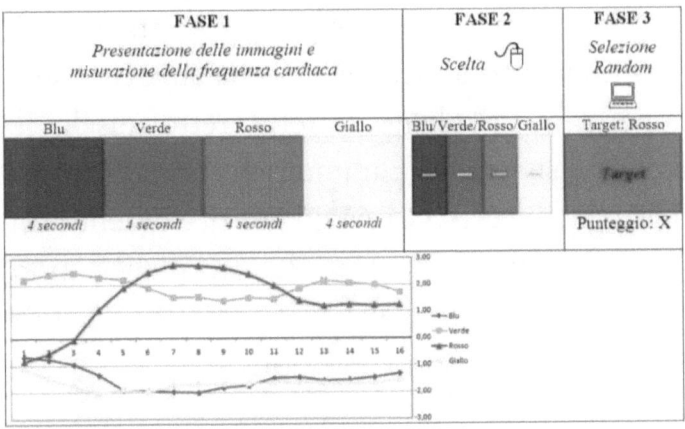

Effetto retrocausale osservato su di un soggetto

In assenza dell'effetto retrocausale, le differenze delle frequenze cardiache associate a ciascun colore dello stimolo target avrebbero dovuto variare attorno al valore zero (0).

Invece, è stata osservata una marcata differenza.

In alcuni soggetti la frequenza cardiaca aumentava quando il colore target era blu e diminuiva quando il target era verde. In altri le risposte erano esattamente opposte.

Eseguendo l'analisi dei dati all'interno di ciascun soggetto, l'effetto retrocausale era chiaro. Ma, quando l'analisi veniva condotta in modo classico, sommando gli effetti osservati tra più soggetti, effetti opposti si sottraevano e si annullavano a vicenda. Ciò ha suggerito che quando si studiano effetti retrocausali le tecniche statistiche parametriche come l'analisi della varianza (ANOVA) o la t di Student non sono adatte, mentre le tecniche non parametriche come il Chi Quadrato e il test esatto di Fisher sono appropriate.

Ciò è coerente con la divisione fatta da Stuart Mill in metodologia delle differenze e metodologia delle variazioni concomitanti.[17]

---

[17] Stuart Mill, *A System of Logic*, 1843.

Mill ha mostrato che la causalità può essere studiata usando:

- La <u>metodologia delle differenze</u>: "*Se in due gruppi inizialmente simili viene introdotto un elemento di differenza, le differenze che vengono osservate possono essere attribuite solo a questo singolo elemento che è stato introdotto.*"
- La <u>metodologia delle variazioni concomitanti</u>: "*Quando due fenomeni variano in modo concomitante, un fenomeno può essere la causa dell'altro o entrambi sono uniti dalla stessa causa.*"

Lo studio dei fenomeni sintropici richiede l'uso del metodo delle variazioni concomitanti[18] e le informazioni devono essere tradotte in variabili dicotomiche (sì/no). Ciò consente di analizzare assieme informazioni quantitative e qualitative, oggettive e soggettive e di gestire contemporaneamente un numero illimitato di variabili.

---

[18] See: www.amazon.com/dp/1520326637 and www.sintropia.it/sintropia.ds.zip

TERMODINAMICA E BIODINAMICA

Siamo abituati al fatto che le cause precedono sempre i loro effetti. Ma l'equazione energia-momento-massa implica tre tipi di tempo:

- *Tempo causale:* quando prevale la soluzione a tempo positivo, cioè quando i sistemi divergono, come nel caso del nostro universo in espansione, l'entropia domina, le cause precedono sempre i loro effetti e il tempo scorre in avanti, dal passato al futuro. Poiché l'entropia domina, non sono possibili effetti retrocausali, come onde luminose che si propagano all'indietro nel tempo o segnali radio che vengono ricevuti prima di essere trasmessi.
- *Tempo retrocausale:* quando prevale la soluzione a tempo negativo, cioè quando i sistemi convergono, come nel caso dei buchi neri, domina la retrocausalità, gli

effetti precedono sempre le cause e il tempo scorre all'indietro, dal futuro al passato. In questi sistemi non sono possibili effetti in avanti nel tempo ed è per questo che non viene emessa luce dai buchi neri.
- *Tempo supercausale:* quando le forze divergenti e convergenti sono bilanciate, come nel caso degli atomi e della meccanica quantistica, la causalità e la retrocausalità coesistono e il tempo è unitario.

Questa classificazione del tempo ricorda l'antica divisione greca in: Kronos, Kairos e Aion.

- *Kronos* descrive il tempo causale sequenziale, a noi familiare, fatto di momenti assoluti che fluiscono dal passato al futuro.
- *Kairos* descrive il tempo retrocausale. Secondo Pitagora, il kairos è alla base delle intuizioni, della capacità di sentire il futuro e di scegliere le opzioni più vantaggiose.

– *Aion* descrive il tempo supercausale, in cui passato, presente e futuro coesistono. Il tempo della meccanica quantistica, del mondo subatomico.

Questa classificazione suggerisce che la sintropia e l'entropia coesistono a livello quantistico, cioè nell'Aion, e che le proprietà della vita hanno origine a questo livello.

Una domanda sorge spontanea:

In che modo la sintropia fluisce dal livello quantistico al livello macroscopico, trasformando la materia inorganica in materia organica?

Nel 1925 Wolfgang Pauli scoprì il legame idrogeno. Nelle molecole d'acqua gli atomi di idrogeno si trovano in una posizione intermedia tra i livelli subatomico (quantistico) e molecolare (macrocosmo) e forniscono un ponte che consente alla sintropia (forze coesive) di fluire dal micro al macro. I legami idrogeno aumentano le forze coesive (sintropia) e rendono l'acqua diversa da tutti gli altri liquidi. A causa di queste forze coesive dieci volte più forti delle forze di van der Waals che tengono insieme gli altri liquidi, l'acqua mostra proprietà anormali. Ad esempio, quando solidifica si espande e galleggia; al contrario gli altri liquidi diventano più densi, più pesanti e affondano. L'unicità dell'acqua deriva dalle proprietà coesive della sintropia che consentono la costruzione di reti e strutture su larga scala.

I legami idrogeno consentono alla sintropia di fluire dal livello subatomico al livello del macrocosmo, rendendo l'acqua essenziale per la vita. In definitiva, l'acqua è la linfa vitale, l'elemento essenziale per la manifestazione e l'evoluzione di qualsiasi struttura biologica.

Altre peculiarità dell'acqua sono: [19]

— Nei liquidi il processo di solidificazione inizia dal basso in quanto le molecole calde si muovono verso l'alto, mentre le molecole fredde si muovono verso il basso. Il liquido

---

[19] Ball P., H_2O. *A biography of water*, www.amazon.it/dp/0753810921

nella parte inferiore è quindi il primo che raggiunge la temperatura di solidificazione; per questo motivo i liquidi si solidificano partendo dal basso. Nel caso dell'acqua, è vero il contrario: l'acqua si solidifica dall'alto.

— L'acqua ha una capacità termica molto superiore rispetto ad altri liquidi. L'acqua può assorbire grandi quantità di calore, che rilascia lentamente. La quantità di calore necessaria per aumentare la temperatura dell'acqua è molto superiore a quella necessaria per altri liquidi.

— Quando l'acqua viene compressa, diventa più fluida. Al contrario, negli altri liquidi la viscosità aumenta con la pressione.

— L'attrito tra le superfici dei solidi è solitamente elevato, mentre l'attrito del ghiaccio è basso e le superfici sono scivolose.

— A temperature prossime al punto di congelamento, le superfici ghiacciate si incollano quando vengono a contatto. Questo meccanismo permette alla neve di compattarsi in palle di neve, mentre è

impossibile produrre palle di farina, zucchero o altri materiali solidi se non si usa l'acqua.
— Con l'acqua la distanza tra la temperatura di fusione e quella di ebollizione è molto alta. Le molecole d'acqua hanno elevate proprietà coesive che aumentano la temperatura necessaria per portare l'acqua da liquido a gas.

L'acqua non è l'unica molecola con legami idrogeno. Anche l'ammoniaca e l'acido fluoridrico formano legami idrogeno e queste molecole mostrano proprietà anomale simili all'acqua. Tuttavia, l'acqua mostra un numero maggiore di legami idrogeno e questo determina le elevate proprietà coesive dell'acqua che legano le molecole in labirinti complessi e dinamici.

Altre molecole che formano legami idrogeno non riescono a costruire reti e strutture complesse nello spazio. I legami idrogeno impongono vincoli strutturali estremamente insoliti per un liquido. Un esempio di questi vincoli è fornito dai cristalli di neve. Tuttavia, quando l'acqua congela, il meccanismo del legame idrogeno si arresta e anche il flusso di sintropia dal micro al macro, portando la vita alla morte.

I legami idrogeno rendono l'acqua essenziale per la vita, l'acqua fornisce sintropia. Se la vita dovesse mai iniziare su un altro pianeta, sicuramente l'acqua sarebbe necessaria. L'acqua è l'unico mezzo attraverso il quale la vita attinge alla sintropia dal livello quantistico. Di conseguenza, è l'elemento indispensabile per l'origine e l'evoluzione di qualsiasi struttura biologica.

I legami idrogeno impongono vincoli strutturali che sono estremamente insoliti per un liquido, e questi a loro volta influenzano le proprietà fisiche come la densità, la capacità termica e la conduzione del calore, così come il modo in cui l'acqua riceve le molecole dei soluti.

Quando l'acqua viene super raffreddata al limite sperimentale di -38°C, la sua capacità termica aumenta considerevolmente.

Al limite teorico di -45°C la capacità termica dell'acqua diventa infinita; l'acqua potrebbe assorbire quantità infinite di calore senza aumentare la temperatura. A questo limite teorico, anche il minimo aumento di pressione farebbe scomparire l'acqua, analogamente a quanto accade con i buchi neri in cui l'inversione temporale fa scomparire la materia.

Le proprietà sintropiche dell'acqua suggeriscono che l'acqua è costantemente sotto l'effetto di forze retrocausali. Questo spiegherebbe perché è così difficile prevedere il comportamento delle molecole d'acqua anche in un piccolo bicchiere.

Sulla base di queste considerazioni, nel febbraio 2011 con Antonella Vannini ho scritto un articolo per il Journal of Cosmology commentando un articolo di Richard Hoover[20] del NASA Marshall Space Flight Center.

Hoover ha scoperto microfossili, simili ai cianobatteri, nelle sezioni interne delle meteoriti di comete e, usando la microscopia elettronica e una serie di altre misure, ha concluso che originano da queste meteore, cioè

---

[20] Hoover R (2001), *Fossils of Cyanobacteria in CI1 Carbonaceous Meteorites, Journal of Cosmology*, 2011, http://journalofcosmology.com/Life100.html

da comete.

Secondo la sintropia, la vita è una legge generale dell'universo che richiede la presenza dell'acqua per manifestarsi. Una caratteristica delle comete è che sono ricche di ghiaccio che, in prossimità del Sole, si scioglie e diventa acqua; quindi nel nostro articolo[21] abbiamo suggerito che, secondo la sintropia, gli organismi viventi possono originarsi in condizioni estreme, come quelle delle comete, e che la scoperta di Hoover di microfossili di cianobatteri nelle meteoriti è coerente con la teoria della sintropia.

Riguardo all'energia, una legge che governa tutti i fenomeni naturali è che la quantità di energia non cambia nelle trasformazioni che subisce. Possiamo calcolare la quantità di energia e dopo ogni trasformazione se calcoliamo di nuovo la quantità di energia è sempre la stessa.[22] Questa è la prima legge della

---

[21] Vannini A (2011) and Di Corpo U, *Extraterrestrial Life, Syntropy and Water*, Journal of Cosmology, http://journalofcosmology.com/Life101.html#18

[22] Feynman R (1965), *The Feynman Lectures on Physics*, California Institute of Technology, 1965, 3.

termodinamica che afferma che: *"L'energia non può essere creata o distrutta, ma solo trasformata"*.

La termodinamica è il ramo della fisica che studia il comportamento dell'energia, di cui il calore è una forma.

Nata dalle opere di Boyle, Boltzmann, Clausius e Carnot identifica tre principi, che qui riportiamo rielaborati in base alla teoria della sintropia:

1. *Principio di conservazione:* l'energia non può essere né creata né distrutta, ma solo trasformata.
2. *Principio dell'entropia,* nei sistemi in espansione l'entropia indica la quantità di energia dispersa nell'ambiente.
3. *Principio della morte termica,* nei sistemi in espansione l'entropia è irreversibile, la dispersione di energia non può diminuire.

L'entropia identifica la tendenza dei sistemi fisici ad evolversi verso la *"morte termica"*, la distribuzione omogenea e la distruzione di tutte le forme di organizzazione.

Tuttavia, i sistemi viventi mostrano la

tendenza opposta, evolvono verso forme più complesse di organizzazione. La legge dell'entropia sembra contraddetta dalla vita. Invece di tendere verso l'omogeneità e il disordine, la vita si evolve verso forme di organizzazione sempre più complesse in grado di tenersi lontano dalla morte termica.

Il paradosso di come la vita possa emergere in un universo governato dalla legge dell'entropia, è continuamente dibattuto da biologi e fisici.

Erwin Schrödinger (premio Nobel per la fisica), rispondendo alla domanda su cosa permette alla vita di contrastare l'entropia, ha risposto che la vita si nutre di entropia negativa, affermando così la necessità di un secondo tipo di energia con proprietà simmetriche a quelle dell'energia fisica.[23]

È comunque importante notare che mentre la neghentropia è definita senza riferimento alla direzione del tempo, la sintropia (E^{-t}) è definita come una forza anticipatrice, complementare all'entropia (E^{+t}).

---

[23] Schrödinger E. (1944), *What is life?*
http://whatislife.stanford.edu/LoCo_files/What-is-Life.pdf

$$Entropia\ (E^{+t}) = 1 - Sintropia\ (E^{-t})$$

Ciò implica il passaggio dal paradigma meccanicista a quello supercausale.

Alla stessa conclusione giunse Albert Szent-Gyorgyi (premio Nobel per la fisiologia nel 1937 e scopritore della vitamina C) che prendendo in prestito il termine sintropia da Fantappiè postulò l'esistenza di una forza complementare all'entropia, una forza che fa sì che gli esseri viventi raggiungano livelli sempre più elevati di organizzazione, ordine e armonia:

"*È impossibile spiegare le qualità di organizzazione e ordine dei sistemi viventi a partire dalle leggi entropiche del macrocosmo. Questo è uno dei paradossi della biologia moderna: le proprietà dei sistemi viventi si contrappongono alla legge dell'entropia che governa il macrocosmo ... Una delle principali differenze tra le amebe e gli umani è l'aumento della complessità che presuppone l'esistenza di un meccanismo in grado di contrastare la legge dell'entropia. In altre parole, deve esserci una forza in grado di contrastare la tendenza universale della materia verso il caos e la morte termica. La vita mostra continuamente una diminuzione nell'entropia e un aumento della sua complessità e della complessità dell'ambiente, in diretta opposizione alla legge dell'entropia ... Osserviamo una profonda differenza tra i sistemi organici e inorganici ... come uomo di scienza non posso credere che le leggi della fisica perdano la loro validità non appena entriamo nei sistemi viventi. La legge dell'entropia non governa i sistemi viventi."*[24]

La scoperta della sintropia porta ad estendere la termodinamica ad un nuovo insieme di principi che qui chiamiamo biodinamica:

4. *Principio della sintropia,* nei sistemi convergenti l'energia viene assorbita aumentando la differenziazione e la complessità. La sintropia è la grandezza con cui viene misurata la concentrazione di energia, l'aumento della differenziazione e della complessità.

---

[24] Szent-Gyorgyi A (1977), *Drive in Living Matter to Perfect Itself*, Synthesis 1977, 1(1): 14-26.

5. *Il principio della vita* nei sistemi convergenti la sintropia è irreversibile, la concentrazione di energia può solo aumentare.
6. *La vita come legge generale dell'universo.* La vita si manifesta ogni volta che le proprietà sintropiche del mondo quantistico fluiscono nel mondo macroscopico grazie alle molecole dell'acqua.

Quest'ultima affermazione è ora supportata dal fatto che il funzionamento dei sistemi viventi è largamente influenzato dagli eventi quantistici: la lunghezza e la forza dei legami idrogeno, la trasmissione dei segnali elettrici nei microtubuli, l'azione del DNA, il ripiegamento delle proteine. L'acqua fornisce il mezzo che consente alle proprietà sintropiche del mondo quantistico di fluire nel livello macro e cambiare la materia da inorganica a organica.

L'importanza dell'acqua per la vita è sempre stata conosciuta e non è un caso che gli organismi viventi siano fatti principalmente di acqua. Il corpo umano è per il 75% di acqua e solo per il 25% di materia solida.

EQUILIBRIO DINAMICO TRA ENTROPIA E SINTROPIA

La prima legge della termodinamica afferma che l'energia è un'unità che non può essere creata o distrutta, ma solo trasformata. Entropia e sintropia sono i due lati di questa unità, collegati tra loro in un processo dinamico di trasformazione dell'energia. Entropia e sintropia non possono esistere l'una senza l'altra. Questa interazione dinamica pervade tutti gli aspetti dell'universo ed è per questo che tutto vibra e tutto è duale.

Nel 1665, il matematico e fisico olandese Christian Huygens, tra i primi a postulare la teoria ondulatoria della luce, osservò che, mettendo fianco a fianco due pendoli, questi tendevano a sintonizzare la loro oscillazione come se *"volessero prendere lo stesso ritmo"*. Huygens scoprì in questo modo il fenomeno che ora chiamiamo risonanza. Nel caso di due pendoli, si dice che uno fa risuonare l'altro alla propria frequenza.

Tutte le manifestazioni dell'universo sono una continua vibrazione tra le polarità: convergenti e divergenti, sintropia ed entropia, assorbitori ed emettitori.

Nella vita, questo assume la forma di onde, pulsazioni e ritmi: le pulsazioni del cuore, le fasi del respiro, le onde luminose e sonore.

Tutti gli aspetti della realtà vibrano e queste vibrazioni creano risonanze. Un esempio è fornito dai diapason che vibrano a una frequenza di 440 Hz. Quando un diapason che vibra viene posizionato vicino a un diapason silenzioso, questo secondo diapason inizia a vibrare. I diapason vibrano solo se esposti a un suono con la loro risonanza.

La risonanza è il principio usato dalle radio per sintonizzarsi su una stazione specifica. La sintonizzazione consente di ricevere solo le informazioni inviate con tale frequenza, tutte le altre informazioni non sono accessibili.

Lo stesso accade con la vita. Noi percepiamo solo ciò che vibra alla nostra stessa frequenza. Questo processo di risonanza consente alle informazioni di fluire. Ogni persona, ogni evento e ogni situazione è associata a una vibrazione specifica. Comunichiamo facilmente con persone che hanno la nostra stessa vibrazione, mentre la comunicazione è più difficile con gli altri.

Gli individui che risuonano nello stesso modo possono facilmente stabilire legami duraturi. Ad esempio, i giovani che hanno avuto problemi di abbandono, violenza e abuso tendono ad attrarsi senza conoscere la storia degli altri.

La risonanza porta le persone a riconoscersi e a condividere sentimenti e informazioni. Questa comunicazione empatica spesso ha luogo a livello inconscio.

Sperimentiamo costantemente la risonanza. Possiamo parlare con più persone dello stesso argomento, usando le stesse parole, gli stessi gesti e la stessa enfasi, e con alcuni sentiamo che la comunicazione è piena, mentre con altri sentiamo che la comunicazione è vuota.

La risonanza consente di comunicare ad un livello più profondo. Quando risuoniamo sentiamo che la comunicazione è intensa e profonda.

Tutto è vibrazione tra entropia e sintropia,

tra passato e futuro. L'equazione energia-momento-massa descrive il presente come l'incontro di cause che agiscono dal passato e attrattori che agiscono dal futuro.

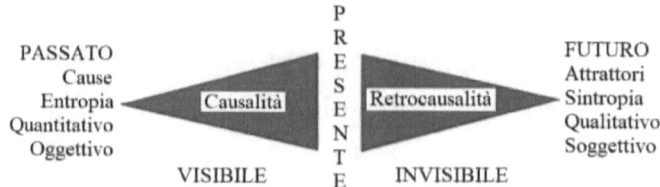

Le cause sono quantitative e oggettive ed i loro effetti sono regolati dalla legge dell'entropia. Invece gli attrattori sono solitamente percepiti in modo qualitativo e soggettivo. I loro effetti sono governati dalla legge della sintropia.

Il 24 novembre 1803, Thomas Young dimostrò che la luce si propaga come onde:

"L'esperimento che sto per descrivere può essere realizzato con grande facilità, purché il Sole splenda e con uno strumento alla portata di tutti."

L'esperimento di Young è molto semplice. Un raggio di sole passa attraverso la fenditura di uno schermo (S1), quindi raggiunge un secondo schermo (S2) con due fenditure.

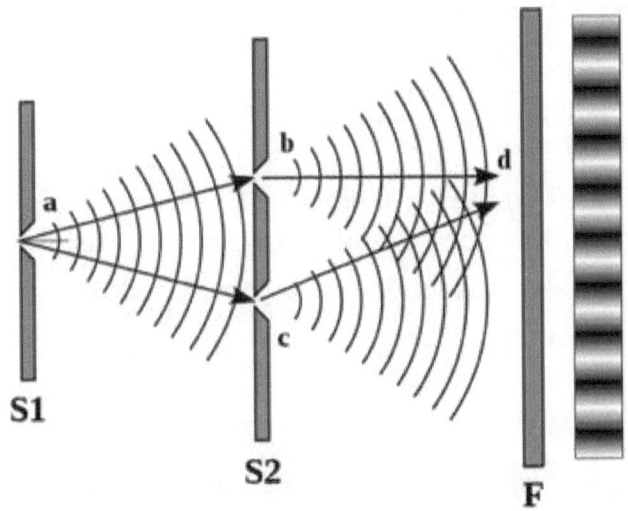

L'esperimento della doppia fenditura di Thomas Young

La luce che passa attraverso le due fenditure del secondo schermo finisce infine sullo schermo bianco F, dove crea una figura di luci e ombre. Se la luce fosse fatta di particelle, due punti di luce dovrebbero essere osservati all'altezza delle due fenditure. Invece osserviamo una figura in cui bande scure e bande luminose si alternano.

Young spiegò questo risultato come una dimostrazione del fatto che la luce si propaga attraverso le due fenditure sotto forma di onde. Queste onde danno luogo a bande luminose nei punti in cui si sommano, cioè dove c'è interferenza costruttiva, mentre danno origine a bande scure dove non si sommano, dove c'è interferenza distruttiva.

Tutto andò bene fino alla fine del diciannovesimo secolo quando i fisici si trovarono alle prese con un paradosso. Le equazioni di Maxwell portavano a prevedere che un corpo nero, un oggetto che assorbe radiazioni elettromagnetiche, deve emettere frequenze ultraviolette con picchi di potenza infiniti. Fortunatamente questa catastrofe ultravioletta non si osservava.

La risposta fu fornita da Max Planck il 14 dicembre 1900. In un articolo che presentò alla German Physics Society. Planck suggerì che l'energia non si propaga sotto forma di onde, ma come multipli di unità fondamentali, che chiamò quanti. Un quanto può essere più o meno piccolo a seconda della frequenza di vibrazione dell'atomo. Sotto la dimensione del quanto l'energia non si propaga. Ciò evita la formazione di picchi infiniti di energia e risolve il paradosso della catastrofe ultravioletta.

Nel 1905 Einstein spiegò il comportamento dell'effetto fotoelettrico considerando la luce composta da quanti invece che da onde. Quando i raggi di luce colpiscono un metallo, il metallo emette elettroni, tuttavia, fino a una certa soglia il metallo non emette elettroni e al di sopra di questa soglia emette elettroni la cui energia rimane costante: questo è l'effetto fotoelettrico. La teoria ondulatoria della luce non riusciva a spiegare questo effetto.

Einstein suggerì che la luce, precedentemente considerata solo come un'onda elettromagnetica, potesse essere descritta in termini di quanti, particelle che ora chiamiamo fotoni. La spiegazione fornita da Einstein tratta la luce in termini di fasci di particelle, piuttosto che in termini di onde, e aprì la strada alla dualità onda-particella.

Oggi, l'esatto equivalente dell'esperimento di Young può essere condotto usando un fascio di elettroni. In un esperimento a doppia fenditura gli elettroni producono un modello di interferenza sullo schermo di rivelazione e devono quindi propagarsi come onde. Tuttavia, all'arrivo, generano un punto luminoso, comportandosi come particelle.

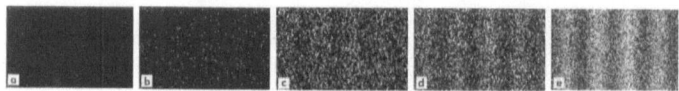

Se gli elettroni fossero particelle, passerebbero attraverso l'una o l'altra delle due fenditure; tuttavia l'interferenza mostra che si comportano come onde che attraversano le due fenditure simultaneamente.

Secondo Richard Feynman il mistero centrale della meccanica quantistica è nascosto nell'esperimento della doppia fenditura:

"È un fenomeno in cui è impossibile, assolutamente impossibile, trovare una spiegazione classica e che rappresenta bene il nucleo della meccanica quantistica. In realtà, contiene l'unico mistero (...) Le peculiarità fondamentali di tutta la meccanica quantistica."

La dualità onda-particella conferma la teoria della sintropia che sostiene che la causalità e la retrocausalità interagiscono costantemente e che nulla accade senza il contributo di entrambe. Il passato si manifesta come particelle (causalità), mentre il futuro come onde (retrocausalità). Per la propagazione della luce è necessario un emettitore con proprietà particellari e un assorbitore con proprietà ondulatorie.

La meccanica quantistica cerca di spiegare questa dualità mantenendo separate le onde dalle particelle. Ad esempio, l'interpretazione di Copenaghen sostiene che la particella si trasforma in un'onda e poi l'onda collassa nuovamente in una particella.

Secondo la sintropia la doppia natura onda-particella coesiste ed è inseparabile, poiché tutte le manifestazioni dell'universo sono il risultato dell'interazione tra entropia e sintropia, tra passato e futuro, tra emettitori e assorbitori.

- *Cicli divergenti e convergenti*

L'equilibrio dinamico tra entropia e sintropia presuppone che qualsiasi sistema vibri tra picchi di espansione e di contrazione.

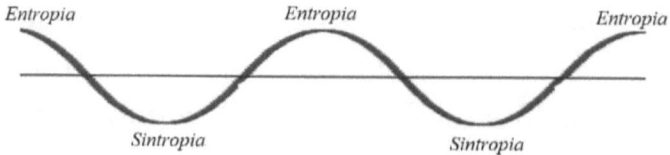

Questi cicli possono essere osservati in qualsiasi sistema e a qualsiasi livello, dal livello quantistico al livello macroscopico e al livello cosmologico, dove supporta il modello di Einstein di cicli infiniti di Big Bang e di Big Crunch.

La prima formulazione della teoria del Big Bang risale al 1927, ma fu generalmente accettata solo nel 1964, quando molti scienziati furono convinti che le osservazioni confermassero che un evento come il Big Bang ebbe luogo. Georges Lemaître, un sacerdote e fisico cattolico belga, sviluppò le equazioni del Big Bang e suggerì che l'aumento della distanza delle galassie era dovuto all'espansione dell'universo.

Scoprì una proporzionalità tra distanza e spostamento spettrale (ora nota come legge di Hubble).

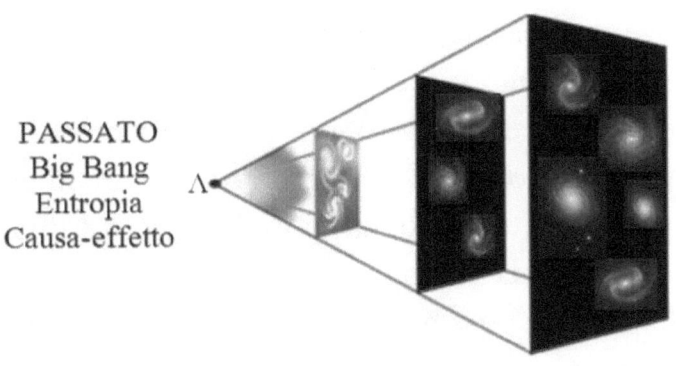

Nel 1929 Edwin Hubble e Milton Humason notarono che la distanza delle galassie è proporzionale al loro spostamento verso il rosso, lo spostamento verso le frequenze più basse dello spettro luminoso. Questo di solito accade quando la sorgente di luce si allontana dall'osservatore o quando l'osservatore si allontana dalla sorgente. Lo spettro della luce emessa da galassie, quasar o supernove lontane appare spostato verso le frequenze più basse. Poiché il rosso è la frequenza più bassa della luce visibile, il fenomeno ha ricevuto il nome di red-shift, anche se è usato in connessione con qualsiasi frequenza, incluse le frequenze radio.

Il fenomeno del red-shift indica che le galassie si stanno allontanando l'una dall'altra e, più in generale, che l'universo si trova in una fase di espansione. Inoltre, le misure del redshift mostrano che le galassie e gli ammassi stellari si allontanano da un punto comune nello spazio e che quanto più sono lontani da questo punto, tanto maggiore è la loro velocità.

Poiché la distanza tra le galassie è in aumento, è possibile dedurre, andando indietro nel tempo, densità e temperature sempre più elevate fino a raggiungere un punto in cui i valori tendono all'infinito e le leggi fisiche dell'energia a tempo positivo non sono più valide.

In cosmologia, il Big Crunch è un'ipotesi sul destino dell'universo. Questa ipotesi è simmetrica al Big Bang e afferma che l'universo smetterà di espandersi e comincerà a collassare su se stesso. Le forze gravitazionali impediranno all'universo di espandersi all'infinito e l'universo convergerà.

La contrazione apparirà molto diversa dall'espansione.

Mentre l'universo primordiale era altamente uniforme, un universo sempre più coeso aumenterà in diversità e complessità.

Alla fine tutta la materia collasserà in buchi

neri, che si uniranno creando un buco nero unificato, la singolarità del Big Crunch.

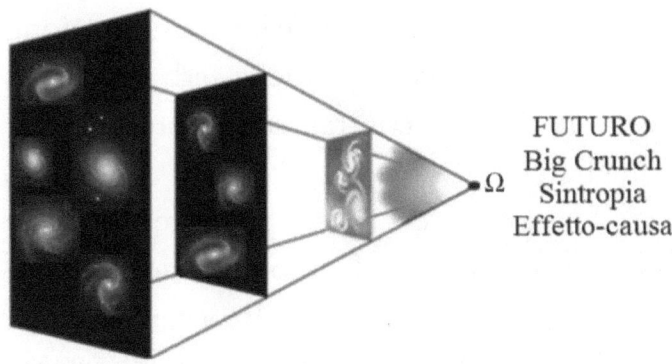

FUTURO
Big Crunch
Sintropia
Effetto-causa

La teoria del Big Crunch propone che l'universo possa collassare nello stato in cui era iniziato e avviare un altro Big Bang. In questo modo l'universo durerebbe per sempre, attraversando una sequenza infinita di cicli di espansione (Big Bang) e di contrazione (Big Crunch).

Osservazioni recenti, in particolare quella di supernove lontane, hanno portato all'idea che l'espansione dell'universo non stia rallentando ma piuttosto stia accelerando.

Nel 1998, la misurazione della luce proveniente da stelle lontane ha portato alla conclusione che l'universo si sta espandendo ad un ritmo crescente. L'osservazione del redshift delle supernove suggerisce che si allontanano più velocemente più l'universo invecchia. Secondo queste osservazioni, l'universo sembra espandersi ad un ritmo crescente. Questo contraddice l'ipotesi del Big Crunch.

Nel tentativo di spiegare queste osservazioni, i fisici hanno introdotto l'idea dell'energia oscura, di un fluido oscuro o di una energia fantasma. La proprietà più importante dell'energia oscura sarebbe quella di esercitare una pressione negativa, omogeneamente distribuita nello spazio, una specie di forza anti-gravitazionale che allontana le galassie. Questa misteriosa forza anti-gravitazionale è considerata una costante cosmologica, che porterà l'universo ad espandersi esponenzialmente. Tuttavia, fino ad oggi nessuno sa cos'è l'energia oscura o da dove proviene.

Al contrario, la sintropia suggerisce che l'aumento del tasso di espansione dell'universo non è dovuto all'energia oscura o ad altre misteriose forze anti-gravitazionali, ma al fatto che il tempo sta rallentando.

Nel giugno 2012 José Senovilla, Marc Mars e Raül Vera dell'Università di Bilbao e dell'Università di Salamanca hanno pubblicato un articolo sulla rivista Physical Review D in cui hanno liquidato l'energia oscura come un'invenzione. Senovilla dice che l'accelerazione è un'illusione causata dal tempo che gradualmente rallenta:

"Non diciamo che l'espansione dell'universo sia un'illusione, quello che diciamo è che l'accelerazione di questa espansione è un'illusione. [...] nelle nostre equazioni abbiamo ingenuamente mantenuto il flusso costante del tempo, quindi i semplici modelli che abbiamo costruito mostrano che si verifica un'accelerazione dell'espansione."

Il corollario del gruppo di Senovilla è che l'energia oscura non esiste e che siamo stati ingannati nel pensare che l'espansione dell'universo stia accelerando, quando invece è il tempo che sta rallentando.

Su base giornaliera, questo cambiamento non è percepibile, ma quando le misure sono basate sulla luce emessa dalle stelle esplose miliardi di anni fa è facilmente rilevabile.

Gli astronomi misurano il tasso di espansione dell'universo usando il red-shift e le stelle che si muovono più lontano sembrano avere un colore rosso più marcato. Tuttavia, trattano il tempo come una costante.

Ma se il tempo rallenta diventa una dimensione spaziale. Quindi le stelle più lontane e antiche sembrerebbero accelerare.

Il professor Senovilla dice:

"I nostri calcoli mostrano che cadremmo nell'illusione di pensare che l'espansione dell'universo stia accelerando."

Sebbene sia radicale e per molti versi senza precedenti, questa interpretazione non è priva di sostenitori. Gary Gibbons, cosmologo dell'Università di Cambridge, dice:

"Crediamo che il tempo sia emerso durante il Big Bang, e se il tempo può emergere, può anche scomparire - questo è solo l'effetto opposto."

La duplice soluzione dell'equazione energia-momento-massa suggerisce un'interpretazione cosmologica dell'universo che vibra tra picchi di espansione e di contrazione. Più veloce è l'espansione e più veloce è il flusso del tempo in avanti, più veloce è la contrazione e più veloce è il flusso del tempo a ritroso.

Il Big Bang è governato dal tempo positivo e dall'entropia, cioè energia e materia che divergono da un punto iniziale, mentre il Big Crunch è governato dal tempo negativo e dalla sintropia, cioè energia e materia che convergono verso un punto finale, di densità e temperature infinite.

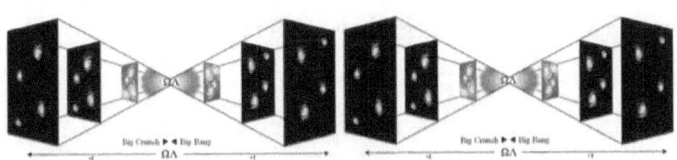

Cicli di Big Bang e Big Crunch

Il Big Bang è indicato con la prima lettera dell'alfabeto greco, $\Lambda = Alfa$ (l'inizio), mentre il Big Crunch con la lettera $\Omega = Omega$ (la fine).

La domanda che si sente spesso tra i cosmologi è perché viviamo in un universo prevalentemente fatto di materia. Cosa è successo all'antimateria? Questa domanda trova una facile risposta quando consideriamo la duplice soluzione temporale. All'epoca del Big Bang la quantità di materia e di antimateria era la stessa, ma l'antimateria andò indietro nel tempo e la materia in avanti nel tempo, impedendo così il loro incontro e annientamento.

Secondo questa interpretazione, l'universo è costituito da una quantità uguale di materia e di antimateria, che si muovono in direzioni temporali opposte. Due piani simmetrici che si influenzano reciprocamente nell'interazione continua tra forze divergenti e convergenti, causalità e retrocausalità, entropia e sintropia, calore e gravità, particelle e onde.

Tutto ciò che diverge è governato dalla soluzione a tempo positivo, mentre tutto ciò che converge è governato dalla soluzione a tempo negativo. Il piano fisico e materiale interagisce continuamente con il piano non fisico e intangibile dell'antimateria che si propaga all'indietro nel tempo.

La complessità dell'universo fisico è

conseguenza dell'interazione tra materia ed energia divergente con le forze coesive dell'anti-materia e dell'anti-energia.

Lo stesso modello può essere applicato agli atomi, piccoli universi che si espandono e si contraggono a velocità immense, dove ogni vibrazione corrisponde a un intero ciclo Big-Bang/Big-Crunch. Durante la fase di espansione l'atomo può emettere un pacchetto di energia (un quanto), mentre durante la fase di contrazione può assorbire un pacchetto di energia. Il nostro universo è dunque un universo booleano fatto di pacchetti, come i bit dei computer.

Allo stesso modo il nostro universo potrebbe essere considerato un atomo di un universo molto più grande, e questo a sua volta un atomo di un universo ancora più grande e così via verso l'infinitamente grande e verso l'infinitamente piccolo.

- *Cicli del clima*

Non c'è dubbio che il CO_2, le temperature e il livello dei mari stanno aumentando. Ma se guardiamo da una prospettiva più ampia, anche qui sembrano agire dei cicli. A questo proposito, il passato può dirci molto sul futuro.

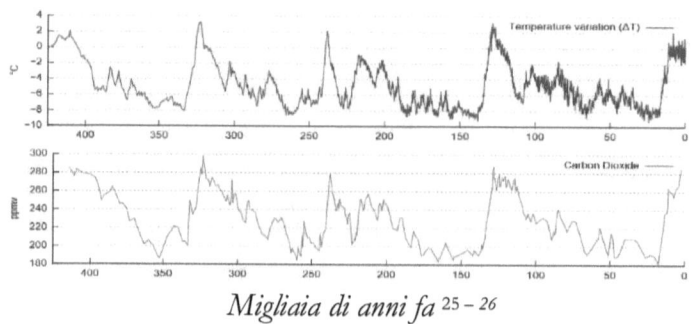

Migliaia di anni fa [25 – 26]

Quando esaminiamo i dati sul biossido di carbonio (CO_2) e le temperature degli ultimi 800 mila anni, vediamo che la Terra attraversa cicli regolari di periodi caldi, associati a livelli

---

[25] Wikipedia:
https://en.wikipedia.org/wiki/Ice_age#/media/File:Vostok_Petit_data.svg
[26] CDIAC – Carbon Dioxide Information Analysis Center
http://cdiac.ornl.gov/images/air_bubbles_historical.jpg
http://cdiac.ornl.gov/trends/co2/ice_core_co2.html

crescenti di CO_2, e glaciazione di circa 100 mila anni. I periodi caldi interglaciali (con temperature medie superiori a 0°C) durano circa 10 mila anni.

La CO_2 è prodotta da attività connesse alla vita come la respirazione e la decomposizione, le attività industriali e l'uso di combustibili fossili come carbone, petrolio e gas naturale. Livelli di CO_2 simili o superiori a quelli attuali indicano che oltre alle fonti naturali esistevano fonti industriali. La CO_2 intrappola il calore fornendo una "coperta calda" al pianeta. Tuttavia, questo "effetto serra" non è mai stato sufficiente a compensare l'abbassamento delle temperature dell'ere glaciali.

Le civiltà che ci hanno preceduto nei periodi interglaciali sembrano aver usato la CO_2 per contrastare la riduzione delle temperature dell'era glaciale, ma senza successo.

Lo scenario è abbastanza semplice! Quando inizia l'era glaciale, le temperature scendono mediamente di 10/12 gradi. Questo calo delle temperature è rallentato dagli alti livelli di CO_2. Ma quando le civiltà soccombono al ghiaccio, i livelli di CO_2 diminuiscono e le calotte polari si espandono per raggiungere i 3 chilometri a latitudini come Roma e New York. I livelli degli oceani diminuiscono di circa 300 metri e le civiltà sono costrette a migrare verso la striscia equatoriale e occupare le terre che prima erano coperte dagli oceani.

Alla fine dell'era glaciale l'aumento delle temperature è improvviso. Questo fa sì che le calotte polari si sciolgano in enormi laghi interglaciali. Gli argini di questi laghi improvvisamente si rompono, portando l'acqua ad aumentare i livelli degli oceani di decine di metri alla volta, spazzando via ciò che era rimasto delle civiltà precedenti. Resoconti di queste alluvioni sono presenti in tutte le tradizioni e risalgono a circa 12.000 anni fa.

Il periodo caldo in cui viviamo è iniziato 12.000 anni fa e ora siamo alla fine, stiamo per entrare nella prossima era glaciale!

Perché le ere glaciali sono così regolari?

Perché il sole non è costante nelle sue emissioni!

I cicli solari furono scoperti nel 1843 da Samuel Heinrich Schwabe che dopo 17 anni di osservazioni notò un cambiamento periodico nel numero medio di macchie solari in una progressione che segue un ciclo di 11 anni. Gli scienziati erano sconcertati dal fatto che ogni ciclo era un po' diverso e nessun modello riusciva a spiegare queste fluttuazioni.

Nel 2015 si è scoperto che queste fluttuazioni sono causate da un effetto a doppia dinamo tra due strati del Sole, uno vicino alla superficie e uno all'interno della sua area di convezione. Questo modello spiega le irregolarità del passato e prevede cosa accadrà in futuro. Valentina Zharkova, uno degli scopritori di questo modello, descrive i risultati in questo modo:[27]

"Abbiamo trovato onde magnetiche che appaiono a coppie, originate da due diversi strati all'interno del Sole. Hanno un ciclo di circa 11 anni, anche se sono leggermente fuori fase. Queste onde fluttuano tra gli

---

[27] Royal Astronomical Society – *Irregular heartbeat of the Sun driven by double dynamo*
https://www.ras.org.uk/news-and-press/2680-irregular-heartbeat-of-the-sun-driven-by-double-dynamo

emisferi nord e sud del Sole. Combinando queste onde e confrontandole con i dati reali per i precedenti cicli solari, abbiamo scoperto che le nostre previsioni sono accurate al 97%."

Usando questo modello per predire il futuro vediamo che le coppie di onde diventeranno sempre più sfasate durante il ciclo 25, che raggiunge il suo picco nel 2022. Nel ciclo 26, che copre il decennio dal 2030 al 2040, le coppie di onde diventeranno totalmente fuori fase e ciò causerà una significativa riduzione delle emissioni solari.

"Nel ciclo 26, le coppie di onde saranno opposte l'una all'altra, con il loro picco allo stesso tempo ma in emisferi opposti del Sole. Le loro interferenze saranno distruttive e si annulleranno a vicenda ... quando le onde sono in fase, possono mostrare una forte risonanza e abbiamo una forte attività solare. Quando sono fuori fase, abbiamo i minimi solari."

Il sole si sta addormentando e questo è evidente nei dati disponibili sul sito web:
www.spaceweatherlive.com

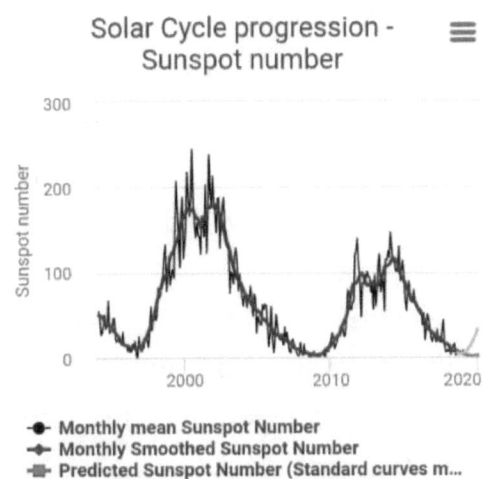

L'ultimo calo di 1,3 gradi Celsius nelle temperature globali ha portato alla mini glaciazione del 1645-1715, un periodo noto come minimo di Maunder, in cui le stagioni calde erano brevi e mancava cibo.

Zharkova prevede un calo del 60% dell'attività solare nel periodo 2030-2040.

Quando le emissioni solari diminuiscono, lo scudo magnetico che protegge la Terra si indebolisce e i raggi cosmici entrano nel nucleo, attivano il magma e causano forti terremoti ed eruzioni vulcaniche. Più di un milione di vulcani si trovano sotto il livello del mare contro 15.000 sulla terra ferma. Le crescenti eruzioni dei vulcani sottomarini aumentano le temperature degli oceani, causando condizioni meteorologiche estreme come violenti uragani e l'aumento della quantità di vapore acqueo nell'atmosfera.

Livelli elevati di CO_2 associati a periodi interglaciali caldi suggeriscono l'esistenza di antiche civiltà intelligenti e industrializzate prima dell'ultima era glaciale.

Ci sono tracce di queste civiltà?

Molte scoperte archeologiche non possono essere spiegate e rimangono un enigma per gli esperti. Sono chiamate artefatti fuori posto (OOPARTS) perché sfidano la cronologia convenzionale, sono troppo avanzati per il livello di civiltà esistente in quel momento, o perché mostrano una presenza intelligente prima degli esseri umani.

Nel libro *"The Ancient Giants Who Ruled America: The Missing Skeletons and the Great*

Smithsonian Cover-Up"[28] Richard Dewhurst presenta la prova di un'antica razza di giganti nel Nord America e l'occultamento da parte dello Smithsonian Institution.

Migliaia di scheletri di giganti sono stati trovati, in particolare nella valle del Mississippi e anche le rovine delle loro città. Il libro include più di 100 fotografie e illustrazioni e mostra che lo Smithsonian Institution arrivava, prendeva gli scheletri per ulteriori studi e li faceva scomparire.

In alcuni casi, sono state coinvolte altre istituzioni governative. Ma il risultato era sempre lo stesso: gli scheletri venivano rimossi e scomparivano per sempre.

Perché?

Gli OOPARTS e le civiltà preglaciali contraddicono la narrativa secondo la quale noi siamo la prima civiltà su questo pianeta.

---

[28] Dewhurst R.J., *The Ancient giants Who Ruled America: The Missing Skeletons and the Great – Smithsonian Cover-Up*
https://www.amazon.com/gp/product/1591431719

- I cicli del metabolismo

Poiché la concentrazione di energia non può avvenire all'infinito, quando si raggiunge il massimo si inverte il processo e l'entropia prende il sopravvento liberando energia e materia. A sua volta, il rilascio di energia non può essere infinito, quando il limite viene raggiunto il processo si inverte e la sintropia prende il sopravvento concentrando energia e materia.

Questo processo attiva uno scambio di energia e materia con l'ambiente: la sintropia assorbe e organizza, l'entropia rilascia e distrugge.

Lo scambio è essenziale in tutte le forme viventi, da quelle biologiche a quelle economiche.

Questo continuo scambio è evidente nel metabolismo.

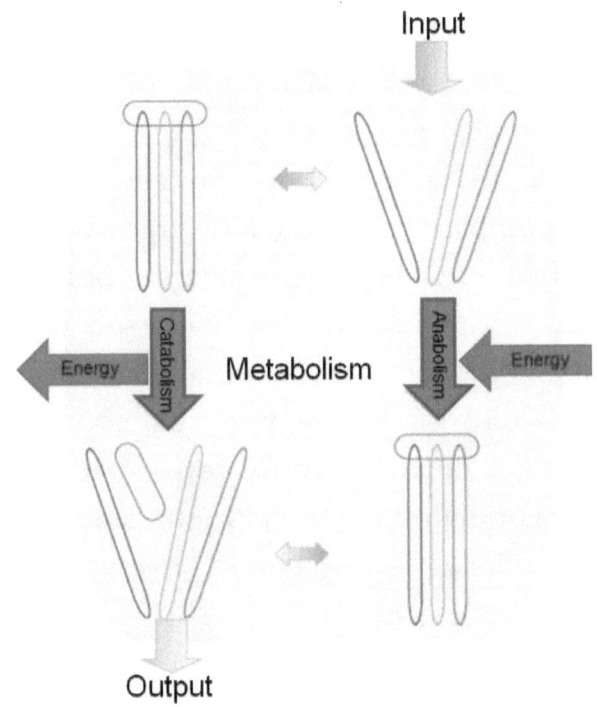

Nella forma di:

- *anabolismo* (cioè sintropia) che assorbe energia e porta alla formazione di biomolecole complesse da quelle più semplici e nutrienti;
- *catabolismo* (cioè l'entropia) che decompone le biomolecole complesse in quelle strutturalmente più semplici rilasciando energia in forma chimica (ATP) o termica.

- Nelle filosofie e nelle tradizioni religiose

L'idea di un equilibrio dinamico tra due forze complementari, una divergente e una convergente, una visibile e una invisibile, una distruttiva e una costruttiva, può essere trovata in molte filosofie e tradizioni religiose.

Nella filosofia taoista, per esempio, tutti gli aspetti dell'universo sono considerati come l'interazione di due principi fondamentali e complementari: lo *yang*, che è convergente, e lo *yin*, che è divergente.

Questo è rappresentato nel simbolo del Taijitu, che mostra l'unione e l'interazione di questi due principi, la cui azione combinata muove tutti gli aspetti dell'universo.

Simbolo del Taijitu

Nell'induismo la stessa legge di complementarietà è descritta con la danza cosmica di Shiva e Shakti, dove Shakti è la personificazione del principio femminile ed è l'energia del mondo fisico visibile, e Shiva è il principio maschile, il principio ordinatore, la coscienza che trascende il mondo visibile.

Come nello yin e yang, ognuno contiene un aspetto dell'altro. Shiva rappresenta le proprietà organizzative della sintropia e proviene dal futuro, mentre Shakti rappresenta le proprietà dell'entropia e del flusso che proviene dal passato. Insieme rappresentano l'equilibrio dinamico dell'energia cosmica primordiale che si esprime in tutto l'universo, dove l'una non può esistere senza l'altra.

A volte sono rappresentati da una singola figura chiamata *Ardbanarisvara*, il cui lato destro è maschile e il lato sinistro è femminile.

IL TEMPO

Vediamo adesso come il concetto di tempo è cambiato dalla relatività galileiana alla relatività ristretta di Einstein.

Nel 1623 Galileo formulò la legge della composizione delle velocità che è anche nota come relatività galileiana.

Questa legge nasce dal fatto che quando si sta all'interno di un sistema non è possibile rilevare se si muove con movimento uniforme. Galileo ha usato l'esempio di una nave che viaggia a velocità costante, senza oscillare, su un mare calmo. Qualsiasi osservatore al di sotto della coperta non è in grado di dire se la nave è in movimento o ferma.

Galileo formulò questo concetto nella *Giornata Seconda* del suo *Dialogo sui Massimi Sistemi del Mondo* (1623).

"*Riserratevi con qualche amico nella maggiore stanza che sia sotto coverta di alcun gran navilio, e quivi fate d'aver mosche, farfalle e simili animaletti volanti; siavi anco un gran vaso d'acqua, e dentrovi de' pescetti;*

sospendasi anco in alto qualche secchiello, che a goccia a goccia vadia versando dell'acqua in un altro vaso di angusta bocca, che sia posto a basso: e stando ferma la nave, osservate diligentemente come quelli animaletti volanti con pari velocità vanno verso tutte le parti della stanza; i pesci si vedranno andar notando indifferentemente per tutti i versi; le stille cadenti entreranno tutte nel vaso sottoposto; e voi, gettando all'amico alcuna cosa, non più gagliardamente la dovrete gettare verso quella parte che verso questa, quando le lontananze sieno eguali; e saltando voi, come si dice, a piè giunti, eguali spazii passerete verso tutte le parti. Osservate che avrete diligentemente tutte queste cose, benché niun dubbio ci sia che mentre il vassello sta fermo non debbano succeder cosí, fate muover la nave con quanta si voglia velocità; ché (pur che il moto sia uniforme e non fluttuante in qua e in là) voi non riconoscerete una minima mutazione in tutti li nominati effetti, né da alcuno di quelli potrete comprender se la nave cammina o pure sta ferma: voi saltando passerete nel tavolato i medesimi spazii che prima, né, perché la nave si muova velocissimamente, farete maggior salti verso la poppa che verso la prua, benché, nel tempo che voi state in aria, il tavolato sottopostovi scorra verso la parte contraria al vostro salto; e gettando alcuna cosa al compagno, non con piú forza bisognerà tirarla, per arrivarlo, se egli sarà verso la prua e voi verso poppa, che se voi fuste situati per l'opposito; le gocciole cadranno come prima nel vaso inferiore, senza caderne pur una verso poppa, benché, mentre la gocciola è per aria, la nave scorra molti palmi; i pesci nella lor acqua non con piú fatica noteranno verso la precedente che verso la sussequente parte del vaso, ma con pari agevolezza verranno al cibo posto su qualsivoglia luogo dell'orlo del vaso; e finalmente le farfalle e le mosche continueranno i lor voli indifferentemente verso tutte le parti, né mai accaderà che si riduchino verso la parete che riguarda la poppa, quasi che fussero stracche in tener dietro al veloce corso della nave, dalla quale per lungo tempo, trattenendosi per aria, saranno state separate; e se abbruciando alcuna lagrima d'incenso si farà un poco di fumo, vedrassi ascender in alto ed a guisa di nugoletta trattenervisi, e indifferentemente muoversi non piú verso questa che quella parte. E di tutta questa corrispondenza d'effetti ne è cagione l'esser il moto della nave comune a tutte le cose contenute in essa ed all'aria ancora, che per ciò dissi io che si stesse sotto coverta; ché quando si stesse di sopra e nell'aria aperta e non seguace del corso della nave, differenze piú e men notabili si vedrebbero in alcuni de gli effetti nominati: e non è dubbio che il fumo resterebbe in dietro, quanto l'aria stessa; le mosche parimente e le farfalle, impedite dall'aria, non potrebber seguir il moto della nave, quando da essa per spazio assai notabile si separassero; ma trattenendovisi vicine, perché la nave stessa, come di fabbrica anfrattuosa, porta seco parte dell'aria sua prossima, senza intoppo o fatica seguirebbon la nave, e per simil cagione veggiamo tal volta, nel correr la posta, le mosche importune e i tafani seguir i cavalli, volandogli ora in questa ed ora in quella parte del corpo; ma nelle gocciole cadenti pochissima sarebbe la differenza, e ne i salti e ne i proietti gravi, del tutto impercettibile."

Mentre per un osservatore nella nave è impossibile stabilire se la nave è in movimento, per un osservatore su un altro "sistema inerziale", ad esempio in riva al mare le velocità dei corpi sulla nave si sommeranno alla velocità della nave. La relatività galileiana consiste in un insieme di regole basate sul presupposto che il tempo è costante e le velocità sono variabili, cioè possono essere sommate. Ad esempio, se una nave si muove a 20 km / h e una palla di cannone viene sparata a 280 km/h nella stessa direzione del movimento della nave, l'osservatore in riva al mare vedrà la palla di cannone muoversi a 300 km/h: 280 km/h della velocità della palla di cannone più 20 km/h della velocità della barca.

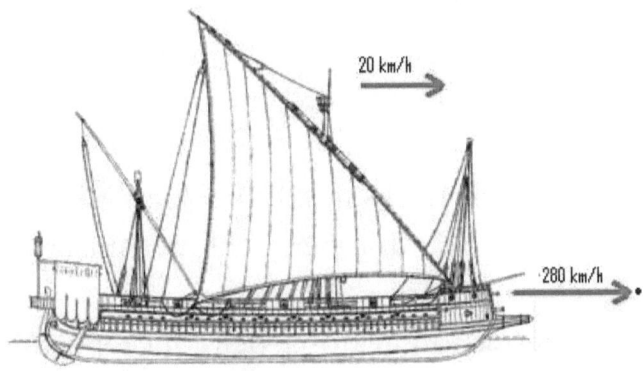

Se la palla di cannone viene sparata nella direzione opposta al movimento della nave, la velocità risultante sarà 260 km/h: 280 km/h della velocità della palla di cannone meno 20 km/h della velocità della nave.

Al contrario, per un marinaio sulla nave che condivide lo stesso movimento della nave, la palla di cannone si sposta sempre a 280 km/h in qualsiasi direzione in cui viene lanciata.

Pertanto, se un osservatore in riva al mare vede la palla di cannone muoversi a 300 km/h e la nave nella stessa direzione a 20 km/h, può concludere che la palla di cannone è stata sparata a 280 km/h.

La relatività galileiana si basa sul principio che quando si cambia sistema inerziale, le velocità vengono aggiunte o sottratte. La relatività galileiana ha permesso di generalizzare le leggi della meccanica.

Due secoli dopo, nel 1881, Albert Michelson iniziò una serie di esperimenti per misurare la velocità dell'etere.

La teoria ondulatoria della luce postulava l'esistenza di una sostanza per la propagazione delle onde luminose. Si pensava, infatti, che la luce si propagasse in un elemento che permea l'intero universo.

Ma la natura di questa sostanza era fonte di numerosi problemi. Uno era il fatto che la luce richiedeva un etere solido e che l'altissima velocità di propagazione della luce era possibile solo in un etere molto rigido e l'aberrazione della luce delle stelle indicava che l'etere doveva rimanere immobile, anche a distanze astronomiche. Tuttavia, nessuna resistenza al movimento dei corpi poteva essere attribuita all'etere.

La Terra e il sistema solare orbitano intorno al centro della galassia a una velocità di 217 km/s. Un vento di etere con quella velocità doveva quindi investire la Terra nella direzione opposta al suo moto: un vento di etere variabile secondo la latitudine, con un picco di 460 m/s all'equatore. Era anche noto il moto della Terra attorno al Sole a una velocità di circa 30 km/s.

Albert Michelson ideò uno strumento che permetteva di dividere la luce in due fasci che percorrevano sentieri perpendicolari che venivano poi fatti convergere su uno schermo, dove formavano un modello di interferenza. Il vento d'etere avrebbe comportato una diversa velocità della luce nelle varie direzioni e, di conseguenza, delle frange di interferenza quando si ruotava l'apparato rispetto alla direzione del vento d'etere.

Usando questo dispositivo, ora noto come interferometro, Michelson realizzò nel 1881 diversi esperimenti, ma non rilevò mai il minimo spostamento nelle frange di interferenza. Pubblicò i dati e i risultati nello stesso anno.

L'interferometro di Michelson non era sufficientemente preciso da escludere l'esistenza dell'etere e per questo motivo Michelson chiese aiuto a Edward Morley che mise a disposizione il suo seminterrato per nuovi esperimenti con un interferometro montato su una lastra di pietra quadrata di 15cm e circa 5 di spessore che galleggiava su mercurio liquido, una tecnica che permetteva di mantenere orizzontale il dispositivo eliminando qualsiasi vibrazione.

Un sistema di specchi inviava il raggio di luce in un percorso che mirava a far percorrere al raggio di luce il tratto più lungo possibile.

Tuttavia, anche in questa nuova serie di esperimenti non vi era traccia di etere e la velocità della luce risultava indipendente dalla direzione del percorso e sempre leggermente inferiore a 300.000 km/s. I risultati sono stati poi confermati ripetendo l'esperimento a una distanza maggiore e portando alla famosa conclusione che la velocità della luce è costante e che l'etere non esiste.

Il fatto che la velocità della luce è costante contraddice la relatività galileiana, infatti non si aggiunge al corpo che la emette. Si aprì così uno scenario inquietante dove le leggi della fisica sono locali e non possono essere generalizzate.

Nel 1905, analizzando i risultati di Michelson, Morley e Lorentz, Einstein rovesciò la relatività galileiana secondo cui il tempo è assoluto e le velocità sono relative.

Per spiegare il fatto che la velocità della luce è costante, era necessario accettare che il tempo fosse variabile. Einstein sviluppò questa intuizione nella relatività ristretta.

Immaginiamo, dopo 500 anni, un astronauta su una nave spaziale molto veloce diretta verso la Terra a 20.000 km/s che spara un raggio laser verso la Terra (a 300.000 km/s). Un osservatore sulla Terra non vedrà la luce laser arrivare a 320.000 km/s, come vuole la relatività galileiana, ma a 300.000 km/s (perché la velocità della luce è costante e non si somma). Secondo la relatività galileiana, l'osservatore sulla Terra si aspetterebbe che l'astronauta sulla nave spaziale veda il raggio di luce muoversi a 280.000 km/s (300.000 km/s della velocità della luce meno 20.000 km/s della nave spaziale) ma al contrario vede il raggio laser muoversi a 300.000 km/s.

Einstein suggerì che ciò che varia è il tempo: quando ci muoviamo nella direzione della luce il nostro tempo rallenta, e per noi la luce continua a muoversi alla stessa velocità.

Avvicinandoci alla velocità della luce il tempo rallenta per poi fermarsi e se potessimo muoverci a velocità superiori a quelle della luce, il tempo si invertirebbe e scorrerebbe a ritroso.

In altre parole, gli eventi che accadono nella direzione in cui ci stiamo muovendo diventano più veloci, perché il tempo rallenta, ma gli eventi che accadono nella direzione da cui veniamo diventano più lenti, perché il tempo diventa più veloce.

Einstein arrivò alla conclusione che con la luce ciò che varia non è la velocità, ma il tempo.

Tornando all'esempio della nave spaziale, quando ci muoviamo nella direzione del fascio di luce, il nostro tempo rallenta e vediamo la luce che continua a viaggiare a 300.000 km/s.

In altre parole, gli eventi che accadono nella direzione in cui ci muoviamo diventano più veloci, perché il tempo rallenta, ma gli eventi che accadono nella direzione da cui ci muoviamo diventano più lenti perché il tempo accelera.

Per spiegare questa situazione, Einstein usava l'esempio di un fulmine che colpisce una ferrovia contemporaneamente in due punti diversi, A e B, molto distanti tra loro.

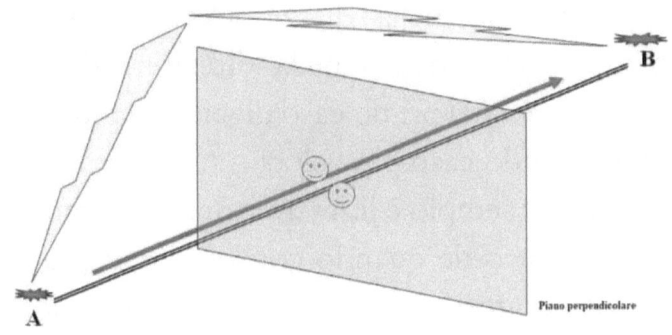

Un osservatore seduto su una panchina a metà strada vedrebbe il fulmine colpire i due punti contemporaneamente, ma un secondo osservatore su un treno molto veloce che va da A a B passando accanto al primo osservatore nel momento in cui il fulmine colpisce la ferrovia avrebbe già sperimentato il fulmine del punto B, ma non il fulmine del punto A.

Anche se i due osservatori condividono lo stesso punto dello spazio, nello stesso istante, non possono essere d'accordo sugli eventi che stanno accadendo nella direzione in cui si muove il secondo osservatore. Accettare l'esistenza di eventi contemporanei è quindi legato alla velocità con cui gli osservatori si muovono.[29]

Il tempo scorre in modo diverso se l'evento sta accadendo nella direzione verso cui ci stiamo muovendo, o nella direzione da cui proveniamo: nel primo caso diventano più lenti e nel secondo caso più veloci.

Questo esempio è limitato a due osservatori; ma cosa succede quando confrontiamo più di due osservatori che si muovono in direzioni diverse ad alta velocità?

La prima coppia (una sulla panchina e l'altra sul treno) può raggiungere un accordo solo sull'esistenza contemporanea di eventi che accadono su un piano perpendicolare al movimento del treno.

Se aggiungiamo un terzo osservatore che si

---

[29] Einstein A. (1916), *Relatività. Esposizione divulgativa.* www.amazon.it/dp/8833927113

muove in un'altra direzione, ma condivide lo stesso luogo e momento con gli altri due osservatori, l'accordo sulla contemporaneità degli eventi si limiterebbe alla linea che unisce i due piani perpendicolari.

Se aggiungiamo un quarto osservatore, l'accordo si limiterebbe ad un solo punto che unisce i tre piani perpendicolari.

Se aggiungiamo un quinto osservatore, che non condivide nemmeno lo stesso punto nello spazio con gli altri osservatori, nessun accordo sarebbe possibile.

Se consideriamo che solo ciò che accade nello stesso momento esiste (il concetto di tempo di Newton), saremmo costretti a concludere che la realtà non esiste.

Per ristabilire l'accordo tra i diversi osservatori, e in questo modo l'esistenza della realtà, dobbiamo accettare la coesistenza di eventi che potrebbero essere futuri o passati per noi, ma contemporanei per un altro osservatore.

Estendendo queste considerazioni, arriviamo alla necessaria conseguenza che il passato, il presente e il futuro coesistono.

Einstein trovò difficile accettare questa conseguenza della relatività del tempo.

LA BUSSOLA DEL CUORE

Il sistema nervoso autonomo regola automaticamente e inconsciamente le funzioni vitali del corpo, senza la necessità di alcun controllo volontario.

Quasi tutte le funzioni viscerali sono sotto il controllo del sistema nervoso autonomo che è diviso nei sistemi simpatico e parasimpatico. Le fibre nervose di questi sistemi non raggiungono direttamente gli organi, ma si fermano prima e formano sinapsi con altri neuroni in strutture chiamate gangli, da cui altre fibre nervose formano sistemi, chiamati plessi, che raggiungono gli organi. La parte simpatica del sistema è vicino ai gangli spinali e forma sinapsi insieme a fibre longitudinali, in un albero chiamato catena paravertebrale. Il sistema parasimpatico forma sinapsi lontano dalla spina dorsale e più vicino agli organi che controlla. I gangli del sistema simpatico sono distribuiti come segue: 3 coppie di gangli intracranici, situati lungo il trigemino, 3 coppie di gangli cervicali collegati al cuore; 12 coppie di gangli dorsali collegati ai polmoni e al plesso solare, 4 paia di gangli lombari che sono collegati attraverso il plesso solare allo stomaco, intestino tenue, fegato, pancreas e reni, 4 coppie di gangli in connessione con il retto, vescica e organi genitali.

Per molto tempo si è creduto che non ci fosse alcuna relazione tra il cervello e il sistema simpatico, ma oggi sappiamo che questa relazione esiste, è forte e che il cervello può agire direttamente sugli organi attraverso la mediazione del plesso solare. Esiste quindi un legame tra stati mentali e stati fisici. Ad esempio, la tristezza agisce sul plesso solare attraverso il sistema simpatico, generando una vasocostrizione dovuta alla contrazione del sistema arterioso. Questa contrazione causata dalla tristezza ostacola la circolazione sanguigna, influenzando così anche la digestione e la respirazione.

Le persone si riferiscono comunemente al cuore e non al plesso solare. Tuttavia, da un punto di vista fisiologico, l'organo che ci consente di percepire i nostri sentimenti interiori è il plesso solare.

La sintropia nutre le funzioni vitali ed è un'energia convergente che si propaga dal futuro, di conseguenza quando l'afflusso della sintropia è buono sentiamo calore (cioè concentrazione di energia) e benessere nell'area toracica del sistema nervoso autonomo.

Al contrario, quando l'afflusso è insufficiente sentiamo vuoto, dolore e ansia.

Queste sensazioni funzionano come l'ago di una bussola che punta verso la fonte della sintropia (cioè l'energia vitale).

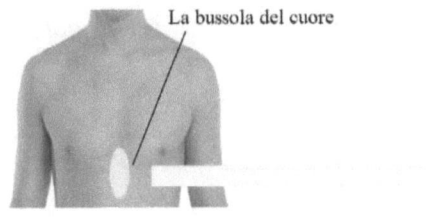

La bussola del cuore

L'Attrattore

Sfortunatamente la maggior parte delle persone non è consapevole di come funzioni la bussola del cuore e la loro preoccupazione principale è quella di evitare la sofferenza e l'insopportabile sensazione di ansia. Questo spiega, ad esempio, il meccanismo della tossicodipendenza. Le sostanze che agiscono sul sistema nervoso autonomo, come l'alcol e l'eroina, provocando vissuti di calore e benessere simili a quelli che sperimentiamo quando c'è un buon afflusso di sintropia, possono presto diventare vitali.

La bussola del cuore indica la fonte della sintropia, ma le droghe, l'alcol e qualsiasi cosa usiamo per sedare la nostra sofferenza riduce la nostra possibilità di usare la bussola del cuore e scegliere ciò che è benefico per la vita.

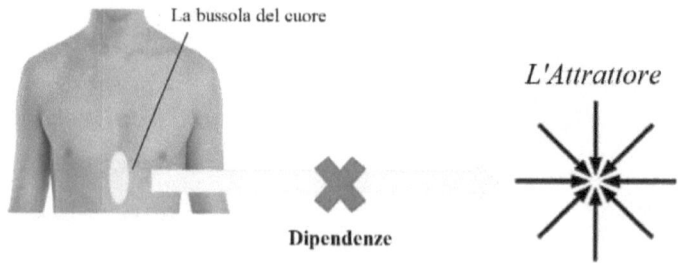

Per migliorare il flusso della sintropia e promuovere il benessere è quindi essenziale abbandonare ogni tipo di dipendenza.

Mentre il cervello è fatto di materia grigia all'esterno e di materia bianca all'interno, si osserva esattamente il contrario nel plesso solare. La materia grigia è composta da cellule nervose che ci permettono di pensare, la materia bianca è composta da fibre nervose, estensioni cellulari, che ci permettono di sentire.

Il plesso solare e il cervello sono l'opposto l'uno dell'altro e rappresentano due polarità: il polo dell'emettitore e il polo dell'assorbitore. La stessa dualità che si trova tra entropia e sintropia.

Il plesso solare e il cervello sono strettamente collegati e da una prospettiva filogenetica il cervello si è sviluppato dal plesso solare. Tra il cervello e il plesso solare c'è una specializzazione di funzioni completamente diverse, che possono verificarsi solo quando queste due polarità sono integrate e lavorano in armonia, producendo risultati che sono piuttosto straordinari.

Gli esperimenti mostrano che la sintropia agisce principalmente sul plesso solare e viene percepita come calore e benessere. Al contrario, la mancanza di sintropia è percepita come vuoto e sofferenza.

Poiché la sintropia si propaga a ritroso nel tempo, i vissuti di calore e vuoto ci aiutano a sentire il futuro e ad orientare le nostre scelte verso obiettivi vantaggiosi. Gli esempi che seguono forniscono alcuni elementi sulle implicazioni che questo flusso temporale anticipato può avere:

- Nell'articolo "*In Battle, Hunches Prove to be Valuable*", pubblicato sulla prima pagina del New York Times del 28 luglio 2009, descrive come le esperienze associate a intuizioni e premonizioni abbiano aiutato i soldati a salvarsi: "*Il mio corpo divenne improvvisamente freddo; sai, quella sensazione di pericolo, e ho iniziato a urlare no-no!*" Secondo la sintropia, l'attacco accade, il soldato sperimenta paura e morte e questi vissuti si propagano indietro nel tempo. Il soldato nel passato li sente come premonizioni ed è spinto a prendere una decisione diversa, evitando così l'attacco e la morte. Secondo l'articolo del New York Times, queste premonizioni hanno salvato più vite dei miliardi di dollari spesi per l'intelligence.
- William Cox ha condotto studi sul numero di biglietti venduti negli Stati Uniti per i

treni pendolari tra il 1950 e il 1955 e ha trovato che nei 28 casi in cui i treni hanno avuto incidenti, sono stati venduti meno biglietti[30]. L'analisi dei dati è stata ripetuta verificando tutte le possibili variabili intervenienti, come le condizioni meteorologiche avverse, gli orari di partenza, il giorno della settimana, ecc. Ma nessuna variabile interveniente è stata in grado di spiegare la correlazione tra la riduzione della vendita di biglietti e gli incidenti. La riduzione dei passeggeri sui treni che hanno incidenti è forte, non solo da un punto di vista statistico, ma anche da un punto di vista quantitativo. La sintropia interpreta i risultati di Cox in questo modo: quando le persone sono coinvolte in incidenti, i vissuti di dolore, paura e morte si propagano indietro nel tempo e possono essere avvertiti nel passato sotto forma di presentimenti e premonizioni, che possono portare a decidere di non viaggiare. Questa

---

[30] Cox WE (1956), *Precognition: An analysis*. Journal of the American Society for Psychical Research, 1956(50): 99-109.

propagazione dei sentimenti a ritroso può quindi cambiare il passato. In altre parole, un evento negativo si verifica e ci informa nel passato, attraverso i nostri vissuti interiori. Ascoltare questi vissuti può aiutarci a decidere in modo diverso ed evitare il dolore e la sofferenza. Se ascoltiamo la voce interiore, il futuro può cambiare per il meglio.

– Tra i tanti possibili esempi: il 22 maggio 2010 un Boeing 737-800 dell'Air India Express in volo tra Dubai e Mangalore si è schiantato durante l'atterraggio uccidendo 158 passeggeri, solo otto sono sopravvissuti. Nove passeggeri, dopo il check-in, si sono sentiti male e non sono saliti a bordo.

A questo proposito, il neurologo Antonio Damasio, studiando persone colpite da deficit decisionali, ha scoperto che i sentimenti contribuiscono al processo decisionale e rendono possibili scelte vantaggiose senza dover fare valutazioni vantaggiose.[31]

Damasio ha osservato che i processi cognitivi sono stati aggiunti a quelli emotivi, mantenendo la centralità delle emozioni nel processo decisionale. Questo è evidente nei momenti di pericolo: quando le scelte devono essere fatte rapidamente, la ragione viene aggirata.

Le persone con deficit decisionale mostrano conoscenza ma non sentimenti. Le loro funzioni cognitive sono intatte, ma non quelle emotive. Hanno un intelletto normale, ma non sono in grado di prendere decisioni appropriate. Si osserva una dissociazione tra razionalità e capacità decisionali. L'alterazione dei sentimenti provoca una miopia verso il futuro. Ciò può essere dovuto a lesioni neurologiche o all'uso di sostanze, come l'alcol e l'eroina, che riducono la percezione dei nostri vissuti interiori.

I vissuti di calore indicano il percorso che porta al benessere e a ciò che è benefico per la

---

[31] Damasio AR (1994), *L'errore di Cartesio. Emozione, ragione e cervello umano*,
http://www.amazon.it/dp/8845911810.

vita. È quindi bene scegliere in base a questi vissuti.

Quando convergiamo verso l'attrattore, sentiamo calore e ciò ci informa che stiamo sulla strada giusta, al contrario quando divergiamo sentiamo vuoto e ansia.

Le intuizioni nascono dalla capacità di sentire il futuro e sono basate su vissuti interiori non contaminati da droghe, alcol, abitudini e paure.

Henri Poincaré, uno dei matematici più creativi del secolo scorso, ha osservato che di fronte a un nuovo problema le cui soluzioni possono essere infinite, inizialmente utilizzava un approccio razionale, ma non potendo arrivare al risultato un altro tipo di processo si attivava.

Questo processo selezionava la soluzione corretta tra le infinite possibilità, senza l'aiuto della razionalità.

Poincaré lo indicò intuizione (combinando le parole latine *in*=dentro + *tueri*=sguardo), e rimase colpito dal fatto che è sempre accompagnato da vissuti di verità, bellezza, calore e benessere nell'area toracica:[32]

*"Tra il gran numero di combinazioni possibili,
quasi tutte sono senza interesse o utilità.
Solo quelle che portano a risolvere il problema
vengono illuminate da un vissuto interiore di verità
e di bellezza."*

Per Poincaré, le intuizioni richiedono attenzione e sensibilità per i vissuti interiori di verità e bellezza che ci collegano all'intelligenza del futuro.

Robert Rosen (1934-1998), biologo teorico e professore di biofisica all'Università di Dalhousie, nel libro *Anticipatory Systems*[33] scrive:

"Sono rimasto stupito dal numero di comportamenti anticipatori osservati a tutti i livelli dell'organizzazione dei sistemi viventi (...) che si comportano come veri e propri sistemi anticipatori, sistemi in cui lo stato presente cambia in base agli stati futuri, violando la

---

[32] Henri Poincaré, Mathematical Creation, from Science et méthode, 1908.
[33] Rosen R (1985) *Anticipatory Systems*, Pergamon Press, USA 1985.

legge di causalità secondo la quale i cambiamenti dipendono esclusivamente da cause passate o presenti. Cerchiamo di spiegare questi comportamenti con teorie e modelli che escludono ogni possibilità di anticipazione. Senza eccezione, tutte le teorie e i modelli biologici sono classici nel senso che cercano solo cause nel passato o nel presente."

Per rendere i comportamenti anticipatori coerenti con l'idea che le cause devono sempre precedere gli effetti, modelli predittivi e processi di apprendimento sono presi in considerazione. Ma i comportamenti anticipatori si trovano anche nelle forme più semplici della vita, come le cellule, senza sistemi neurali, e in questi casi è difficile sostenere l'ipotesi di modelli predittivi o processi di apprendimento. Inoltre, sono anche osservati nelle macromolecole e questo esclude qualsiasi possibile spiegazione basata su processi innati dovuti alla selezione naturale. Rosen conclude che è necessaria una nuova causalità per spiegare i comportamenti anticipatori dei sistemi viventi.

La sintropia afferma che la vita dipende dal futuro e che continuamente manifesta comportamenti di anticipazione (retrocausali).

L'ipotesi che i sistemi viventi utilizzino un diverso tipo di causalità era stata avanzata anche da Hans Driesch (1867-1941), un pioniere nella ricerca sperimentale in embriologia.

Driesch suggerì l'esistenza di cause finali, che operano dal globale all'analitico, dal futuro al passato. Le cause finali portano la materia vivente ad evolversi verso lo scopo della natura che Driesch chiama *entelechie*, dal greco *en-telos* che significa qualcosa che contiene in se stesso il suo scopo e che evolve verso questo fine. Quindi, se il normale percorso di sviluppo viene interrotto, il sistema può raggiungere l'obiettivo in un altro modo. Driesch riteneva che lo sviluppo e il comportamento dei sistemi viventi fossero governati da una gerarchia di entelechie unite da un'unica entelechia finale.

Driesch ha fornito la prova di questo fenomeno usando embrioni di ricci di mare. Dividendo le cellule dell'embrione di riccio di mare dopo la prima divisione cellulare, Driesch si aspettava che ogni cellula si sviluppasse nella metà corrispondente dell'animale per cui era stata progettata, invece scoprì che ognuna si sviluppava in un riccio di mare completo. Questo accadeva anche nello stadio a quattro cellule: da ciascuna delle quattro cellule si sviluppavano ricci di mare completi sebbene più piccoli del solito. È possibile rimuovere pezzi dalle uova, mescolare i blastomeri e interferire in molti modi senza influire sull'embrione. Sembra che ogni singola monade nella cellula uovo originale sia in grado di formare qualsiasi parte dell'embrione completo. Al contrario, quando si uniscono due embrioni, si ottiene un singolo riccio di mare e non due ricci di mare.

Questi risultati mostrano che i ricci di mare si sviluppano verso un fine morfologico. Nel momento in cui agiamo su un embrione, la cellula che sopravvive continua a rispondere alla causa finale. Sebbene più piccola, la struttura che viene raggiunta è simile a quella che sarebbe stata ottenuta dall'embrione originale. Ne consegue che la forma finale non è causata da un programma o da un progetto che agisce dal passato, poiché ogni cambiamento che introduciamo nel passato porta alla formazione della stessa struttura. Anche quando una parte del sistema viene rimossa o lo sviluppo normale viene disturbato, si raggiunge la forma finale che è sempre la stessa.

Un altro esempio è quello della rigenerazione dei tessuti. Driesch ha studiato il processo mediante il quale gli organismi sono in grado di sostituire o riparare strutture danneggiate. Le piante possiedono una straordinaria gamma di abilità rigenerative, e lo stesso accade con gli animali. Ad esempio, se un verme viene tagliato a pezzi, ogni pezzo rigenera un verme completo. Molti vertebrati hanno una straordinaria capacità di rigenerazione, ad esempio, se la lente dell'occhio di un tritone viene rimossa chirurgicamente, una nuova lente viene rigenerata dal bordo dell'iride, mentre nel normale sviluppo dell'embrione la lente si forma in un modo diverso, a partire dalla pelle. Driesch ha usato il concetto di entelechia per spiegare le proprietà di integrità e direzionalità nello sviluppo e nella rigenerazione di corpi e sistemi viventi.

Indipendentemente nel 1926 lo scienziato russo Alexander Gurwitsch (1874-1954) e il biologo austriaco Paul Alfred Weiss (1898-1989) suggerirono l'esistenza di un nuovo fattore causale, diverso dalla causalità classica, che chiamarono campo morfogenetico. Oltre ad affermare che i campi morfogenetici svolgono un ruolo importante nel controllo della morfogenesi (lo sviluppo della forma del corpo), gli autori mostrano che la causalità classica fallisce.

Il termine "campo" è attualmente di moda: campo gravitazionale, campo elettromagnetico e campo morfogenetico. È usato per indicare qualcosa che viene osservato, ma non è ancora compreso in termini di causalità classica; eventi che richiedono un nuovo tipo di spiegazione basato su un nuovo tipo di causalità.

La sintropia sostituisce i termini entelechie e campi con i termini "cause finali" e "attrattori" che retroagendo dal futuro producono campi che attraggono e guidano.

La sintropia presuppone che i sistemi viventi siano guidati verso cause finali da vissuti interiori che rispondono agli attrattori e che la retrocausalità si manifesta principalmente sotto forma di sincronicità.

Lo stesso accade nelle nostre vite: i vissuti interiori ci guidano verso l'Attrattore, lo scopo della nostra esistenza.

Un esempio molto importante è stato fornito da Steve Jobs, il fondatore dell'Apple Computer.

Steve Jobs era stato abbandonato dai suoi genitori naturali e questo è stato il dramma che lo ha accompagnato per tutta la vita. Era tormentato e non ha mai accettato di essere stato abbandonato.

Lasciò l'università durante il primo anno e si avventurò in India per trovare il suo sé interiore.

Scoprì una visione completamente diversa del mondo che segnò il suo cambiamento:

"nelle campagne indiane le persone non si lasciano guidare dalla razionalità, come facciamo noi, ma dalle intuizioni."

Scoprì le intuizioni, una facoltà molto potente, molto sviluppata in India, ma praticamente sconosciuta in Occidente.

Ritornò negli Stati Uniti convinto che le intuizioni fossero più potenti dell'intelletto. Per coltivare le intuizioni era necessario vivere una vita minimalista, riducendo il più possibile l'entropia. Diventò vegano, rifiutò alcol, tabacco e caffè, iniziò a praticare la meditazione Zen ed ebbe il coraggio di non farsi influenzare dal giudizio degli altri.

Ha sempre cercato di ridurre l'entropia al punto che gli ci vollero più di 8 mesi per scegliere la lavatrice. Doveva assolutamente trovare quella con il minor consumo di energia e la massima efficienza. Viveva in modo parsimonioso, una vita così essenziale e austera che i suoi figli credevano che fosse povero.

Il modo in cui viveva era il risultato del suo bisogno di concentrarsi sul cuore, sui vissuti interiori. Evitò la ricchezza perché poteva distrarlo dalla voce del cuore. Era uno degli uomini più ricchi del pianeta, ma viveva come un povero! Da una prospettiva sintropica, le sue scelte minimaliste hanno permesso alle intuizioni di emergere, diventando la fonte delle sue innovazioni e della sua ricchezza.

Jobs era contrario agli studi di marketing. Affermava che le persone non conoscono il futuro, solo le persone intuitive possono sentire il futuro.

Quando tornò dall'India vide un circuito elettronico a casa del suo amico Steve Wozniak ed ebbe l'intuizione di un computer che si poteva tenere in una mano. Chiese a Wozniak di sviluppare un prototipo di personal computer, che chiamò Apple I. Riuscì a venderne alcune centinaia e questo improvviso successo gli diede l'impulso per sviluppare un modello più avanzato, adatto alla gente comune, che chiamò Apple II.

Jobs non era un ingegnere, non aveva una mente scientifica o tecnica, era semplicemente un artista! Cosa c'entravano i computer con la sua vita? Jobs non aveva nulla a che fare con l'elettronica, ma le sue capacità intuitive gli avevano mostrato un oggetto del futuro. Trent'anni prima, nel 1977, aveva intuito un computer tascabile che combinava estetica, semplicità, tecnologia e minimalismo! Sentiva il bisogno di un prodotto che, oltre ad essere tecnologicamente perfetto, doveva essere anche bello e semplice!

La sua ossessione per la bellezza e la semplicità lo portarono a dedicare un'enorme quantità di tempo ai dettagli dell'Apple II. Doveva essere bello, silenzioso e allo stesso tempo essenziale e semplice! Fu un successo commerciale senza precedenti che rese l'Apple Computer una delle aziende leader a livello mondiale.

Jobs notò che quando il cuore gli dava un'intuizione, si trasformava in un comando che doveva eseguire, indipendentemente dalle opinioni degli altri. L'unica cosa che importava era trovare il modo per dare forma all'intuizione.

Per Jobs, la dieta vegana, la meditazione Zen, una vita immersa nella natura, l'astensione da alcol e caffè erano necessari per nutrire la sua voce interiore, la voce del suo cuore e rafforzare la sua capacità di intuire il futuro.

Allo stesso tempo, questo gli causò grandi difficoltà. Era sensibile, intuitivo, irrazionale e suscettibile. Era consapevole dei limiti che la sua irrazionalità gli causava nel gestire una grande azienda, come l'Apple Computer, e scelse un manager razionalista per dirigerla: John Sculley, un manager famoso che lui ammirava ma con cui entrò in conflitto, al punto che nel 1985 il consiglio di amministrazione decise di licenziare Jobs, dalla compagnia che aveva fondato.

L'Apple Computer continuò a guadagnare con i prodotti progettati da Jobs, ma dopo alcuni anni iniziò il declino e verso la metà degli anni '90 era arrivata sull'orlo della bancarotta. Il 21 dicembre 1996, il consiglio di amministrazione chiese a Jobs di tornare come consigliere personale del presidente. Jobs accettò e chiese uno stipendio di un dollaro l'anno in cambio della garanzia che le sue intuizioni, anche se pazze, venissero accettate incondizionatamente. In pochi mesi rivoluzionò i prodotti e il 16 settembre 1997 divenne amministratore delegato ad interim.

L'Apple Computer risuscitò in meno di un anno.

Come ha fatto?

Diceva che non dobbiamo mai lasciare che le opinioni altrui offuschino la nostra voce interiore. E, cosa ancora più importante, ripeteva che dobbiamo sempre avere il coraggio di credere nel nostro cuore e nelle nostre intuizioni, perché loro già conoscono il futuro e sanno dove dobbiamo andare. Per Jobs, tutto il resto era secondario.

Essere ad *i*nterim segnò tutti i suoi nuovi prodotti. Il loro nome doveva essere preceduto dalla lettera *i*: *i*Pod, *i*Pad, *i*Phone e *i*Mac.

I figli di Jobs credevano che fosse povero. Spesso gli chiedevano:

"Papà, perché non ci porti da uno dei tuoi amici ricchi?"

Parlava di affari importanti camminando nei parchi o nella natura. Per celebrare un successo, invitava i collaboratori in ristoranti da 10 dollari a persona.

Quando faceva un regalo raccoglieva fiori in un campo. Indossò gli stessi vestiti per anni. Nonostante le immense ricchezze che aveva!

Era convinto che il denaro non fosse suo, ma che fosse uno strumento per raggiungere lo scopo.

Al tempo dell'Apple I, ripeteva che la sua missione era quella di sviluppare un computer che potesse essere tenuto in una mano e non diventare ricco. Per lui il denaro era esclusivamente uno strumento.

La capacità di sentire il futuro era la fonte della sua ricchezza. Era l'ingrediente della sua creatività, genialità e innovazione.

Einstein ripeteva:

"la mente intuitiva è un dono sacro e la mente razionale è il suo fedele servitore. Ma abbiamo creato una società che onora il servo e ha dimenticato il dono."

La meditazione Zen aiutava Jobs a calmare la sua mente e a spostare l'attenzione sul cuore.

Nelle sue conferenze diceva che quasi tutto, le aspettative, l'orgoglio e le paure del fallimento, svaniscono di fronte alla morte. Sottolineava la centralità della morte e il fatto che quando siamo consapevoli della morte prestiamo attenzione solo a ciò che è veramente importante. Essere costantemente consapevoli che siamo destinati a morire è uno dei modi più efficaci per capire cosa è veramente importante e per evitare la trappola di attaccarci alla materialità e all'apparenza. Siamo già nudi di fronte alla morte. Poiché dobbiamo morire, non vi è alcun motivo per non seguire il nostro cuore e fare ciò che dobbiamo fare.

Jobs credeva nell'invisibile e nelle sincronicità. Costruì la sede della Pixar (una delle sue società) attorno a uno spazio centrale, una grande piazza dove tutti dovevano passare o fermarsi se volevano mangiare qualcosa o usare i servizi. In questo modo il mondo invisibile veniva favorito da incontri casuali.

Secondo Jobs, il caso non esiste.

Gli incontri casuali permettono all'invisibile, di attivare intuizioni, creatività e sincronicità e rendono visibile ciò che non è ancora visibile.

Jobs amava citare la famosa frase di Michelangelo:

"In ogni blocco di marmo vedo una statua come se fosse di fronte a me, modellata e perfetta nell'atteggiamento e nell'azione. Devo solo rimuovere le pareti ruvide che imprigionano il bellissimo aspetto per rivelarlo agli altri come i miei occhi lo vedono."

Jobs credeva che tutti abbiamo una missione. Abbiamo solo bisogno di scoprire questa missione rimuovendo ciò che è superfluo.

Jobs rese visibile ciò che aveva intuito. Morì pochi mesi dopo la presentazione dell'*i*Pad, il computer che si può tenere in una mano, la missione della sua vita.

La vita di Jobs testimonia che l'intelligenza e la creatività provengono dal futuro, dall'invisibile e che possiamo accedere all'invisibile attraverso le intuizioni.

Ha mostrato che la voce del cuore porta il futuro nel presente.

Ora passiamo ad un altro esempio. La complementarità tra entropia e sintropia può essere rappresentata come una altalena con la causalità e la retrocausalità che giocano ai lati opposti.

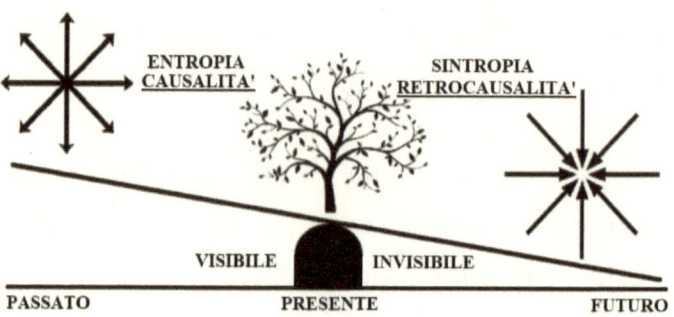

La vita è la manifestazione sul piano fisico della sintropia. È costantemente in conflitto con l'entropia e deve sempre cercare di ridurla. Tuttavia, ciò è ostacolato dalle nostre attività che tendono ad aumentare l'entropia.

La sfida della vita è:

> *come possiamo*
> *aumentare la sintropia*
> *e ridurre l'entropia*
> *rimanendo attivi?*

Per descrivere questa sfida userò l'esempio di un libero professionista, single, le cui spese superavano le entrate di oltre cinquecento euro al mese.

I risparmi stavano terminando e non aveva nessuno a cui chiedere aiuto. Iniziò a ridurre le spese: niente soldi nel portafogli, niente credito nel cellulare. Ma le cose andavano di male in peggio. A questo punto mi chiese aiuto. Vediamo come è andata.

«Quanto spendi per il tuo cellulare?»
«Circa 40 euro al mese, ma mi trovo sempre senza credito.»
«Perché non cambi gestore? Ci sono promozioni interessanti. Con solo 10 euro al mese puoi avere minuti e SMS illimitati e 20 gigabyte di internet.»

Ridurre l'entropia significa risparmiare, ma ciò deve essere fatto mantenendo o aumentando la qualità della vita. Ad esempio, cambiando un vecchio contratto. In questo caso, cambiare fornitore e scegliere un nuovo contratto ha portato ad aumentare la qualità della vita e a risparmiare oltre trecento euro l'anno!

Il trucco è di migliorare la qualità della vita risparmiando.

Quando l'entropia (le uscite) e la sintropia (le entrate) sono equilibrate, il mondo invisibile comincia a manifestarsi.

In questo esempio dobbiamo ridurre le uscite di almeno seimila euro l'anno.

«Porti le camicie in lavanderia per farle stirare?»
«Le lavo, ma non sono in grado di stirarle. Le porto in lavanderia per farle stirare.»
«Quanto ti costa?»
«Tra i 50 e i 70 euro al mese.»
«Perché non chiedi alla tua donna delle pulizie se può stirarle per 8 euro in più al mese?»

La donne delle pulizie accettò immediatamente. Un'altra piccola ottimizzazione che ha portato a risparmiare oltre seicento euro l'anno, ma che ha aumentato significativamente la qualità della vita eliminando il fastidio di andare in lavanderia. Di nuovo un aumento della qualità della vita risparmiando! Queste prime due ottimizzazioni hanno ridotto l'entropia di circa mille euro l'anno e aumentato la qualità della vita. L'obiettivo è di raggiungere i seimila euro per bilanciare le entrate e le uscite.

«Vai a lavorare in macchina?»
«Uso anche il motorino per risparmiare denaro, ma il traffico è davvero pericoloso!»
«Perché non usi la bicicletta?»
«Su queste strade ?!»
«No, su strade alternative.»
«La mia casa è nel centro della città, l'ufficio non è lontano, ma ho sempre considerato la bicicletta impossibile a causa del dislivello di oltre 30 metri. Arriverei stanco e sudato.»
«Se devi salire è meglio scegliere una strada ripida ma breve, scendere e spingere, piuttosto che pedalare.»

Così ha scoperto la bellezza delle strade del centro storico e dei parchi. In bicicletta in meno di 25 minuti arrivava in ufficio. Ci voleva più tempo in auto o in motorino. Il giorno dopo ha venduto il motorino, annullato l'assicurazione e il garage. In totale, altri tremila euro all'anno risparmiati. Con questa semplice ottimizzazione, riceveva altri vantaggi: si esercitava e non aveva più bisogno di andare in palestra, più denaro e tempo risparmiato! Inoltre, spendeva meno in carburante.

L'entropia è diminuita di oltre quattromila euro all'anno e la qualità della vita è migliorata!

Dobbiamo trovare altri duemila euro prima che il mondo invisibile possa cominciare a manifestarsi.

«La tua bolletta dell'elettricità supera i 200 euro ogni due mesi! Come single non dovresti pagare più di 50 euro.»

«Cosa dovrei fare?»

«Prova ad utilizzare lampadine a basso consumo, come le lampade LED, e imposta il timer sullo scaldabagno.»

Piccoli cambiamenti che hanno richiesto poco tempo e denaro. Centocinquanta euro risparmiati ogni due mesi, novecento euro all'anno. Con questa piccola ottimizzazione si sentiva coerente con le sue convinzioni ecologiche e la qualità della vita è aumentata.

Ora le uscite sono diminuite di oltre cinquemila euro l'anno! Dobbiamo raggiungere l'obiettivo dei seimila euro!

«Quanto paghi di elettricità all'ufficio?»
«Circa 300 euro ogni due mesi.»
«Usi lampadine alogene!?»
«Sì.»

Scoprì che poteva risparmiare più di mille euro all'anno semplicemente sostituendo i faretti alogeni con faretti LED.

Ora che le spese non superano più i redditi, la sintropia può iniziare a mostrarsi sotto forma di sincronicità: coincidenze significative.

Jung e Pauli hanno coniato il termine sincronicità per indicare una causalità invisibile diversa da quella a noi familiare. Le sincronicità si manifestano come coincidenze significative, perché convergono verso un fine.

La causalità invisibile agisce dal futuro e raggruppa gli eventi in base allo scopo. Le sincronicità sono significative perché hanno uno scopo.

«*Quanto paghi di affitto per il tuo ufficio?*»

«*Niente. È di proprietà delle mie zie.*»

«*Potrebbero affittarlo e realizzare un profitto, ma lo usi tu gratis?!*»

«*Esattamente.*»

«*E di cosa vivono le tue zie?*»

«*Entrambe hanno una pensione e dei risparmi, ma la loro situazione finanziaria non è buona, si lamentano continuamente.*»

«*Hai mai pensato di prendere una stanza in un ufficio e lasciare che le tue zie affittino il loro appartamento?*»

«*Non ho soldi, non posso permettermi di pagare un affitto!*»

«*Come vanno i tuoi affari?*»

«*Ho pochi clienti, forse a causa della crisi economica, ma anche per la posizione dell'ufficio.*»

«*Un ufficio meno prestigioso, ma in un luogo strategico e ben collegato potrebbe aiutarti ad avere più clienti?!*»

La prima sincronicità è la seguente. Il giorno dopo questo dialogo, come per magia, ha ricevuto l'offerta di una stanza in un ufficio nella zona più centrale della città, al prezzo di soli 250 euro al mese, comprese tutte le utenze! L'appartamento delle zie era in un posto molto bello e prestigioso, ma difficile da raggiungere e non c'era un parcheggio: bello, prestigioso, ma scomodo e molto costoso. Tuttavia esitò, non osò!

Il giorno seguente si verificò un'altra sincronicità. Una compagnia aerea ha offerto 2.800 euro al mese per l'appartamento delle sue zie. Ovviamente le zie gli hanno chiesto di trovare immediatamente un altro posto e fortunatamente il giorno prima aveva ricevuto una offerta. Ma non era ancora convinto. L'ufficio nel centro della città era in una zona molto rumorosa: ben collegata, ma caotica.

La terza sincronicità è la seguente. Quello stesso pomeriggio stava camminando nella zona della città che più gli piace. Non è centrale, ma è verde, silenziosa e ben collegata. Alla vetrina di un calzolaio vide un avviso per una stanza in un ufficio. L'appartamento era nell'edificio accanto al calzolaio. Chiamò e andò immediatamente a vederlo. Decise immediatamente di affittare la stanza. In una città come Roma è difficile trovare stanze in affitto in studi professionali e soprattutto in un posto così bello della città.

Quando le sincronicità si attivano, siamo attratti da luoghi e situazioni che altrimenti non avremmo preso in considerazione e che risolvono i nostri problemi. Le sincronicità sono accompagnate da sentimenti di calore e benessere nell'area toracica che ci informano che siamo sulla strada giusta.

«Iniziai a sentire calore e benessere nell'area del torace. Ai miei clienti il nuovo studio piace. C'è un parcheggio, è bello, tranquillo e si trova vicino a una stazione della metropolitana. La mia attività è rifiorita, i miei risparmi aumentano e la mia vita privata e sentimentale è migliorata.»

La sintropia offre ricchezza e felicità. Ma quando le cose vanno bene è facile ricadere nei vecchi stili di vita entropici e dissipativi.

Qualche mese dopo ha ricevuto un'offerta di lavoro, un lavoro prestigioso all'estero: il suo sogno!

Ha immediatamente accettato e si è trasferito. Il salario era alto, le tasse basse. All'improvviso sarebbe diventato un uomo ricco che avrebbe potuto condurre la vita lussuosa che aveva sempre desiderato.

Ma ciò rovescia l'equilibrio tra entropia e sintropia: la ricchezza porta a vivere in modo entropico, l'entropia aumenta e la sintropia diminuisce e torniamo al fallimento!

«La società straniera era interessata solo a fare soldi, senza alcuna etica. Dovevo lavorare quasi cinquanta ore alla settimana, non c'era nient'altro al di fuori. Era necessario dare la priorità assoluta a ciò che era redditizio, anche se immorale. Qualche mese dopo mi sentivo disgustato. Le tasse erano basse, ma dovevo pagare tutti i servizi. Aggiungendo l'affitto della casa e le spese relative al fatto che ero straniero, pagavo molto più di quanto guadagnassi. Dopo soli sei mesi avevo accumulato più di ventottomila euro di debiti! Il sogno si era infranto ed era diventato un incubo. Dal paradiso ero caduto all'inferno. Non avevo tempo per me stesso o per la mia vita sentimentale. Prima provai disagio, poi sofferenza, e alla fine la depressione e l'ansia sono esplose. Ho deciso di tornare in Italia!»

Questo succede spesso. La sintropia aumenta la qualità della vita, il benessere, ma anche la ricchezza. Non appena la ricchezza ritorna le persone cadono in stili di vita entropici.

Per questo motivo l'aumento della sintropia deve essere accompagnato da una trasformazione interiore. Le persone non devono considerare i soldi come loro proprietà, ma come uno strumento. Devono essere consapevoli che la felicità non viene raggiunta attraverso la ricchezza, ma grazie alla realizzazione della nostra missione.

Se manca questa trasformazione interiore, tutto il processo fallisce.

I miglioramenti materiali devono essere accompagnati da una nuova consapevolezza dell'invisibile.

La ricchezza è solo un aspetto del gioco tra entropia e sintropia. Quando si raggiunge la ricchezza senza una trasformazione interiore, è inevitabile ricadere nell'entropia e nella sofferenza.

Questo gioco tra entropia e sintropia

coinvolge non solo gli individui, ma anche le aziende, le istituzioni e le nazioni. Può essere utilizzato con successo nella gestione di città, nazioni, organizzazioni pubbliche e private e sistemi ecologici e naturali. Ma deve sempre essere accompagnato da una trasformazione interiore che metta il cuore al centro del nostro processo decisionale, altrimenti è inevitabilmente il fallimento.

La bussola del cuore è di grande importanza nel gioco della vita, ma poiché nella stessa area percepiamo emozioni legate alla paura e al pericolo non è facile usarla.

Queste emozioni sono attivate dall'amigdala.

L'amigdala è progettata per garantire la sopravvivenza. Quando ci troviamo di fronte ad un pericolo rilascia ormoni che scatenano la reazione di attacco o fuga. L'amigdala è veloce, ma inflessibile. La carica emotiva entra nel nostro corpo e copre i vissuti del cuore.

Paure e pericoli limitano la capacità di usare la bussola del cuore e aumentano l'entropia.

La bussola del cuore richiede di mettere a tacere la paura e il chiacchiericcio della mente.

Un modo molto efficace è fornito dalla

meditazione Zen.

Durante la meditazione Zen i partecipanti non possono reagire agli stimoli, ma possono solo osservarli. Praticando la meditazione Zen scopriamo che i pensieri aspettano la reazione del cuore. Quando il cuore reagisce, fornisce energia al pensiero facendolo diventare più forte. Quando non reagiamo, il pensiero si dissolve.

Il cuore decide quando reagire e stare in silenzio; la mente deve adattarsi alla volontà del cuore. Noi siamo il cuore La nostra volontà è nel cuore Lo scettro del comando si sposta dalla testa al cuore e la mente diventa silenziosa.

L'importanza del silenzio può essere trovata in molte tradizioni. I gruppi di amici (noti anche come quaccheri) iniziarono a praticare il silenzio nel 1650 quando George Fox scoprì che ripristina il flusso dell'energia e un contatto diretto con il divino. La pratica è semplice, la gente si siede in cerchio e rimane in silenzio per circa un'ora. Il silenzio condiviso aiuta a sentire il cuore.

Il silenzio è una tecnica naturale, un modo semplice e piacevole di stare insieme agli altri.

Non è una religione e non richiede la devozione per una fede o per una filosofia. Crea distanza tra i pensieri. Libera il nostro essere dal potere condizionante delle parole e porta a scoprire che siamo parte di qualcosa di più ampio. Quando il chiacchiericcio della mente si calma, sperimentiamo una nuova condizione: essere senza pensare. Uno stato in cui i pensieri sono prodotti solo quando richiesto dal cuore. Uno stato in cui il divario tra un pensiero e l'altro non è vuoto, ma è pura e assoluta potenzialità. Essere senza pensare dà potere al cuore: la nostra vera volontà.

Un altro fattore che influenza la percezione del cuore è ciò che mangiamo.

John Hubert Brocklesby divenne vegetariano in prigione durante la prima guerra mondiale. Per lui, i cristiani non dovevano uccidere altri cristiani e si dichiarò obiettore di coscienza. Fu arrestato e imprigionato nel castello di Richmond. Dovette affrontare la corte marziale. Sapeva che sarebbe stato condannato a morte ed era terrorizzato all'idea.

Un altro obiettore di coscienza gli disse: «*Se parli con il tuo cuore, è Dio che parla attraverso te.*»

Questo gli diede coraggio. Gli disse anche: «*Se non mangi carne, la voce del cuore diventa più forte.*»

John Hubert Brocklesby divenne vegetariano in carcere per servire la volontà di Dio e affrontare la corte marziale.

Un libro è stato scritto usando i suoi diari.[34]

Poiché abbiamo una struttura vegetariana (nessun artiglio per cacciare, denti adatti alla frutta e un sistema digestivo troppo lungo per la carne), l'attrattore verso il quale stiamo convergendo deve avere queste caratteristiche. Pertanto, essere vegetariano aiuta la connessione con l'attrattore (Dio), aumentando il flusso della sintropia e i vissuti del cuore.

Quest'ultima considerazione è supportata da uno studio epidemiologico condotto dalla Canadian Natural Hygiene Society sul rischio di attacchi di cuore che mostra che i consumatori di carne hanno un rischio del 50%, i vegetariani del 15%, i vegani del 4%.

Tra le diete che sembrano aumentare la percezione del cuore c'è il liquidarismo.

---

[34] Jones WE, *We Will Not Fight: The Untold Story of World War Ones Conscientious Objectors*, www.amazon.com/dp/1845133005/

Michael Werner, nato nel 1949 nel nord della Germania e amministratore delegato di un istituto di ricerca farmaceutica ad Arlesheim, è diventato liquidariano nel gennaio 2001 e da allora beve solo acqua e non mangia cibi solidi. Nel suo libro *Living on Light* Werner dice:

"Ho scoperto che la mia conversione a vivere senza cibo è andata straordinariamente bene. Mi aspettavo di sentirmi sempre più debole durante i primi giorni. Ma poi ho iniziato a rendermi conto che nel mio caso questa debolezza non esisteva. Invece ho sperimentato una crescente sensazione di leggerezza durante il giorno e una diminuzione della quantità di sonno di cui avevo bisogno durante la notte. Questo processo è stata probabilmente l'esperienza più intensa della mia vita adulta."

Se è vero che si può vivere ed essere in forma senza mangiare, si aprono scenari incredibili sulla vita umana e sulla vita in generale.

Werner osserva che essere liquidariano è diverso dal digiuno.

"È qualcosa di completamente diverso! Con il digiuno il corpo mobilita riserve di energia e materia e non si può digiunare per un tempo illimitato, né si può stare senza bere. Ma il processo che stavo intraprendendo era e rimane un fenomeno mentale-spirituale che richiede una particolare predisposizione interiore. In realtà c'è una condizione: aprirsi all'idea di nutrirsi di prana o comunque lo vogliamo chiamare. Questo è il requisito necessario. Vivo il liquidarismo come un dono del mondo spirituale."

Rudolf Steiner (1861-1925), filosofo austriaco, riformatore sociale, architetto ed esoterista, tentò di formulare una scienza spirituale, una sintesi tra scienza e spiritualità che applicava la chiarezza del pensiero scientifico, della filosofia occidentale, al mondo spirituale. Steiner riteneva che la materia fosse luce condensata (usava la parola luce con lo stesso significato di sintropia). Se la materia è sintropia condensata, ci devono essere modi per trasformare l'invisibile (sintropia) in materia. Il nostro ambiente visibile è immerso in un ambiente invisibile, una realtà sintropica che offre incredibili possibilità. Steiner riteneva che la vita fosse impossibile senza sintropia (cioè senza luce), poiché la sintropia è l'energia vitale che assorbiamo continuamente e direttamente. Per vivere solo di acqua è necessario credere che sia possibile "vivere di sintropia". Secondo Steiner, l'atto di digerire stimola il corpo ad assorbire l'energia vitale dall'invisibile, che viene trasformata e condensata in sostanza che mantiene e costruisce il nostro corpo. Steiner usò il seguente esempio: quando mangiamo una patata, la mastichiamo e la digeriamo e questo porta ad assorbire le forze vitali dal nostro ambiente eterico e condensarle in sostanze. In altre parole, il nostro corpo acquisisce la struttura e la sostanza assorbendo la sintropia e le forze invisibili.

Michael Werner sottolinea che l'unico prerequisito per nutrirsi di luce (cioè di sintropia) è credere in essa. Usa le parole di Steiner:

"Esiste un'essenza fondamentale della nostra esistenza materiale terrena da cui tutta la materia è prodotta attraverso un processo di condensazione. Qual

è la sostanza fondamentale della nostra esistenza terrestre? La scienza spirituale dà questa risposta: ogni sostanza sulla terra è luce condensata! Non c'è nulla se non la luce condensata ... Ovunque tocchi una sostanza, là hai luce condensata. Tutta la materia è, in sostanza, luce."

In altre parole, tutta la materia non è altro che sintropia condensata!

E' importante stare attenti. Molte persone suggeriscono il digiuno, tuttavia alcune tecniche possono essere pericolose, come è il caso del breatharianesimo di Jasmuheen, un digiuno senza cibo e liquidi che è stato letale per vari seguaci.[35]

---

[35] Di Corpo U., *Liquidarismo, Sintropia e Bisogni Vitali*: www.amazon.it/dp/B07Q4HV2V5

BISOGNI VITALI
E
LA FORZA INVISIBILE DELL'AMORE

L'acqua è la linfa vitale che fornisce sintropia alla vita. Senza acqua la vita non è in grado di contrastare gli effetti distruttivi dell'entropia e muore. Possiamo quindi elencare l'acqua tra i bisogni vitali.

La vita ha anche bisogno di energia. Questo è il motivo per cui il Sole è così importante. La clorofilla assorbe energia dal Sole e senza il Sole la vita non potrebbe esistere su questo pianeta.

La vita muore quando l'acqua si congela. Il calore è necessario per mantenere la vita lontano dalle basse temperature.

I sistemi viventi non sono in genere in grado di alimentarsi direttamente di sintropia. Pertanto devono soddisfare condizioni per l'acquisizione di cibo. Queste condizioni sono conosciute come bisogni materiali.

Quando questi bisogni non vengono soddisfatti, si attivano campanelli d'allarme, come la sete per il bisogno di acqua, la fame per il cibo e il freddo per il bisogno di calore.

Questi campanelli d'allarme sono ben noti a tutti, sappiamo come associarli ai loro bisogni e sappiamo cosa dobbiamo fare.

Ma abbiamo anche bisogni vitali invisibili !!!

L'*Attrattore* è la fonte della sintropia e risiede al di fuori del nostro corpo fisico, collegato ad esso tramite il plesso solare. Fornisce visioni del futuro, intuizioni, ispirazioni e livelli superiori di consapevolezza, che sono inaccessibili agli stati ordinari della mente razionale. Mostra la direzione, gli obiettivi e la missione della nostra vita, ci guida verso la risoluzione di problemi e verso il benessere.

Stabiliamo la connessione con l'attrattore attraverso il sistema nervoso autonomo, il plesso solare, che comunemente associamo al cuore.

Questa connessione è più facile e più forte nei momenti di meditazione e di amore e quando ci asteniamo dal consumo di alcol, tabacco, droghe, caffè e prodotti animali.

Poiché la sintropia concentra l'energia, una buona connessione viene percepita come calore e benessere nel plesso solare. Al contrario, una connessione debole è segnalata da vissuti di vuoto e dolore che solitamente indichiamo come ansia e da sintomi del sistema nervoso autonomo: nausea, vertigini e soffocamento.

La sintropia è necessaria per rigenerare l'organismo e le cellule. Il sistema nervoso autonomo agisce come un meccanico che consulta il manuale del produttore per eseguire riparazioni e mantenere il sistema il più vicino possibile al progetto. Tuttavia, il progetto è scritto con l'inchiostro dell'amore.

Il sistema nervoso autonomo è responsabile di tutte le funzioni involontarie del corpo, del controllo del movimento dei muscoli e degli arti e delle funzioni del corpo che non sono soggette a decisioni e che non richiedono la mente cosciente. Ad esempio, è responsabile della digestione, della frequenza cardiaca e della rigenerazione cellulare.

Questi processi sono completamente sconosciuti alla mente cosciente. Non sappiamo come vengono eseguiti e spesso non sappiamo neppure che esistono. Non abbiamo bisogno di essere un medico o un biologo per digerire il cibo o rigenerare i tessuti. Il corpo sa tutto e mostra uno straordinario livello di intelligenza. Dirige e regola questi processi, esprimendo così la capacità e le potenzialità di un'intelligenza che è incredibilmente superiore alla nostra mente cosciente.

Sviluppa modelli di comportamento che poi esegue in modo autonomo e automatico e che vengono mantenuti nel tempo, dando origine ad abitudini memorizzate, almeno in parte, nei muscoli del corpo. Gli schemi comportamentali vengono ripetuti finché diventano automatici, indipendenti dalla nostra volontà. Questi schemi sono quindi saldamente collocati nella memoria della mente inconscia. La mente cosciente spesso non sa cosa c'è nella memoria della mente inconscia. Di conseguenza, la mente inconscia può aprire incredibili scenari nei processi di conoscenza di noi stessi. Il sistema nervoso autonomo (cioè la mente inconscia) funge anche da guardiano di ogni informazione che la mente cosciente non può gestire.

Quando la connessione con l'attrattore è forte sentiamo calore, benessere e amore, quando è debole sentiamo dolore, vuoto e ansia accompagnati dalla solitudine. In assenza della connessione il sistema nervoso autonomo non è in grado di fornire sintropia alle funzioni vitali e l'organismo muore.

Possiamo quindi morire non solo a causa di bisogni materiali insoddisfatti, ma anche per la mancanza di connessione con l'attrattore.

Il bisogno di connessione con l'attrattore viene di solito percepito come bisogno di amore e di coesione.

Per rispondere ai nostri bisogni, costruiamo mappe dell'ambiente fisico che portano a scoprire che viviamo in un mondo che tende verso l'infinito. Al contrario, la coscienza si concentra verso l'infinitamente piccolo. Il conflitto di identità nasce dal confronto:

$$\frac{Io}{Mondo\ Esterno} = 0$$

Quando mi confronto con il mondo esterno sono pari a zero

Confrontandoci con il mondo esterno ci rendiamo conto che siamo uguali a zero e questo è incompatibile con il sentire di esistere.

Questo conflitto è ben descritto nell'Amleto di Shakespeare con la frase *"essere o non essere"*. Non essere è incompatibile con l'essere. Per continuare a rispondere alle sfide della vita dobbiamo trovare uno scopo, un significato, altrimenti è tutto inutile.

Il conflitto d'identità porta ad un bisogno vitale di significato che, quando non è soddisfatto, causa vissuti di inutilità e depressione.

La depressione è insostenibile e la gente cerca di risolverla espandendo il proprio Ego, limitando le dimensioni del mondo esterno o semplicemente cancellando il mondo esterno.

Tuttavia, comunque manipoliamo il numeratore e/o il denominatore dell'equazione del conflitto d'identità, il risultato continua ad essere sempre uguale a zero.

Il bisogno di significato è un bisogno invisibile. La maggior parte delle persone non ne è consapevole, ma è comunque vitale e dobbiamo rispondere costantemente ad esso.

Dobbiamo dare un senso alla nostra vita e per farlo accettiamo spesso le più incredibili contraddizioni.

L'equazione del conflitto d'identità suggerisce una soluzione:

$$\frac{Io \times \cancel{Mondo\ Esterno}}{\cancel{Mondo\ Esterno}} = Io$$

*Quando mi paragono al mondo esterno
e sono unito ad esso attraverso l'amore, sono uguale a me stesso*

Questo è chiamato il *Teorema dell'Amore* e mostra che:

- solo quando il nostro Io si unisce al mondo esterno attraverso l'amore, superiamo il conflitto di identità;
- l'amore fornisce questa unità (*Io × Mondo Esterno*), e quindi l'amore è vitale: dà senso alla vita;
- l'amore consente di passare dalla dualità ($I=0$) all'unità ($I=I$).

Quando amiamo, convergiamo verso l'unità e il nostro cuore è pieno di calore, benessere e felicità. Quando non amiamo, divergiamo e proviamo dolore, vuoto e solitudine e la nostra vita non ha significato.

Oggi la parola amore è abusata e può significare qualsiasi cosa! Quindi vediamo come viene utilizzata in questo libro.

Innanzitutto, l'amore è qualcosa che viviamo sotto forma di calore e benessere nell'area toracica. Può essere accompagnato da un aumento della frequenza cardiaca, sudorazione, respiro corto, arrossamento e pupille dilatate.

L'amore è vitale perché dà senso alla vita e perché ci connette con l'Attrattore.
Ciò che attiva l'amore diventa vitale. Per questo motivo, quando troviamo una fonte di amore tendiamo ad aggrapparci ad essa e dimentichiamo tutto il resto. In assenza di amore, la sofferenza può diventare insopportabile.

Ricapitolando:

- Il primo gruppo di bisogni vitali è comunemente noto come **_bisogni materiali_**. Per combattere gli effetti dissipativi dell'entropia, i sistemi viventi devono acquisire sintropia attraverso l'acqua, l'energia e il cibo, devono proteggersi dagli effetti dissipativi dell'entropia ed eliminare i resti della distruzione delle strutture. Queste condizioni includono un riparo, il vestiario, lo smaltimento dei rifiuti e l'igiene. La parziale soddisfazione dei bisogni materiali è segnalata dalla fame, dalla sete e da varie forme di sofferenza. L'insoddisfazione totale porta alla morte.
- Il secondo bisogno vitale è comunemente chiamato **_bisogno di amore_**. Rispondere ai bisogni materiali non impedisce all'entropia di distruggere le strutture della vita. Ad esempio, le cellule muoiono e devono essere sostituite. Per riparare i danni causati dall'entropia, dobbiamo attingere alle

proprietà rigenerative della sintropia che consentono di creare ordine, ricostruire strutture e aumentare i livelli di organizzazione. Il sistema nervoso autonomo, che sostiene le funzioni vitali, acquisisce sintropia. Poiché la sintropia agisce come un assorbitore e un concentratore di energia, l'assunzione di sintropia viene avvertita nell'area toracica del sistema nervoso autonomo, sotto forma di calore e benessere che di solito indichiamo come amore; la mancanza di sintropia è percepita come vuoto e dolore nell'area toracica, di solito indicata come ansia. In breve, la necessità di acquisire sintropia è sentita come un bisogno di amore. Quando questo bisogno non è soddisfatto, c'è sofferenza, vuoto e dolore. Quando questo bisogno è totalmente insoddisfatto, i sistemi viventi non sono in grado di rigenerarsi e l'entropia prende il sopravvento, portando il sistema alla morte.

- Il terzo bisogno vitale è comunemente chiamato **bisogno di significato**. Per soddisfare i bisogni materiali produciamo mappe dell'ambiente. Queste mappe danno origine al conflitto di identità. L'entropia ha gonfiato l'universo fisico verso l'infinito, mentre la sintropia concentra il sentire di esistere in spazi estremamente limitati. Di conseguenza, quando ci confrontiamo con l'infinito dell'universo, scopriamo che siamo uguali a zero. Da un lato sentiamo di esistere, dall'altro siamo consapevoli di essere uguali a zero. Queste due opposte considerazioni *"essere o non essere"* non possono coesistere. Il conflitto di identità è caratterizzato da mancanza di significato, mancanza di energia, crisi esistenziale e depressione, generalmente percepite sotto forma di tensioni nella testa accompagnate da ansia. Essere pari a zero equivale alla morte, che è incompatibile con il nostro sentire di esistere. Da ciò nasce il bisogno vitale di significato.

La soluzione alla sofferenza è fornita dal Teorema dell'Amore. Il Teorema dell'Amore richiede che ci affidiamo al cuore (al plesso solare) e lo usiamo consapevolmente e intenzionalmente per andare verso le opzioni più vantaggiose.

L'amore è una forza invisibile, un potere interiore che fornisce entusiasmo. La parola entusiasmo deriva dal greco e significa "Dio dentro di noi", una forza invisibile che ci permette di superare le difficoltà più incredibili.

La metafora del carro può aiutare a riassumere:

- il carro è il corpo fisico e richiede attenzioni e manutenzione;
- i cavalli sono i nostri impulsi, che ci spingono in direzioni diverse e danno il movimento; richiedono energia e la guida del cocchiere;
- il cocchiere è la mente, segue gli ordini del padrone, dirige i cavalli e si prende cura del carro;
- il padrone del carrello è il cuore, fornisce direzione e scopo.

Tutto funziona bene quando:

- Il carro è ben curato (bisogni materiali).
- I cavalli ricevono acqua ed energia.
- Il cocchiere segue le direttive del cuore (il padrone).
- Il padrone è guidato dall'Amore, dall'Attrattore. L'amore fornisce lo scopo e gli obiettivi.

ATTRATTORI

L'equazione energia, momento, massa suggerisce che il presente può essere descritto come il punto d'incontro di cause che agiscono dal passato (causalità) e attrattori che agiscono dal futuro (retrocausalità).

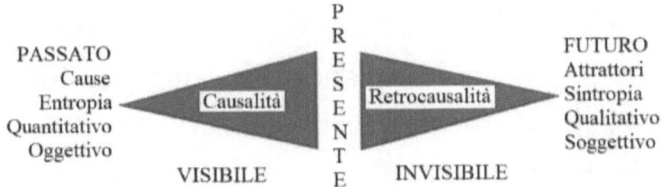

La causalità richiede una grande causa per ottenere un grande effetto. Ciò è dovuto al fatto che la causalità diverge e tende a disperdersi. Al contrario con gli attrattori l'effetto è amplificato. Più piccola è la causa, più viene amplificata e maggiore è l'effetto.

Questa stranezza degli attrattori fu scoperta nel 1963 dal meteorologo Edward Lorenz. Quando si ha a che fare con l'acqua, come accade in meteorologia, una piccola variazione può produrre un effetto che si amplifica. Lorenz ha descritto questa situazione con la famosa frase:

"Il battito d'ali di una farfalla in Amazzonia può causare un uragano negli Stati Uniti."

Tuttavia, affinché ciò avvenga è necessario che il piccolo battito d'ali (il principio attivo) sia in linea con l'attrattore. Altrimenti prevale l'entropia e si perde l'energia del piccolo battito d'ali. Al contrario, quando l'energia è in linea con l'attrattore viene amplificata.

Il legame idrogeno dell'acqua opera in entrambe le direzioni: dal micro al macro, amplificando l'effetto, e dal macro al micro informando l'attrattore. Questo può aiutare a capire come funzionano i rimedi omeopatici.

L'omeopatia è basata sull'acqua. Quando inseriamo nell'acqua il simile, il *simillimum*, di ciò che vogliamo curare, la sua informazione entra nel livello quantistico e informa l'attrattore.

Maggiore è la diluizione, maggiore è il contributo dell'attrattore nell'amplificazione dell'effetto.

L'omeopatia è oggetto di attacchi feroci. In Italia il famoso giornalista televisivo Piero Angela ribadisce che *"l'omeopatia è acqua fresca"*, *"pseudoscienza"*, *"pratica magica"* e sottolinea costantemente che non ha validità scientifica. *"È un effetto placebo, questo è quello che dice la comunità scientifica"*. Angela sottolinea che *"per Rita Levi Montalcini (Premio Nobel italiano) è potenzialmente dannosa perché distrae i pazienti da trattamenti validi"* e che *"per Renato Dulbecco (un altro Premio Nobel italiano) è una pratica senza alcun valore."* Ultimamente gli attacchi all'omeopatia si sono intensificati; le principali accuse sono che l'omeopatia è solo acqua fresca e un effetto placebo.

Studi sperimentali mostrano però l'efficacia dell'omeopatia. Tuttavia, la medicina convenzionale continua a considerare l'omeopatia non scientifica dal momento che la *sostanza attiva* (la sostanza solida) è stata completamente rimossa dall'acqua mediante diluizione.

È considerato impossibile che l'acqua possa essere la causa degli effetti osservati negli esperimenti, poiché è considerata una sostanza inerte.

L'omeopatia fu scoperta nel 1796 dal medico tedesco Samuel Hahnemann (1755-1843). E' un sistema che si basa sulla cosiddetta legge delle similitudini, secondo la quale i rimedi devono utilizzare sostanze che causano sintomi simili in individui sani. Queste sostanze vengono quindi diluite in acqua. Il fatto strano è che maggiore è la diluizione, più potente è l'effetto. I rimedi più potenti sono quelli in cui la sostanza attiva è diluita al punto che è impossibile che una singola molecola sia ancora presente nel rimedio. Per la medicina convenzionale, dopo aver rimosso il principio attivo attraverso la diluizione, gli effetti possono essere solo effetti placebo, non attribuibili al rimedio, poiché non è presente alcuna molecola solida della sostanza attiva.

La sintropia afferma che il principio attivo, quando collocato in acqua, crea legami con gli attrattori. Quindi rimuovendo il principio attivo attraverso la diluizione, questi legami retrocausali rimangono e non sono più vincolati alla sostanza, ma sono liberi di agire su qualsiasi altra struttura.

La sintropia spiega gli effetti dell'omeopatia come conseguenza delle proprietà retrocausali dell'acqua.[36] I rimedi agiscono dal futuro e gli effetti sono il risultato dell'interazione tra causalità che è governata dall'entropia e dalla retrocausalità che è governata dalla sintropia.

Quando si utilizza una sostanza che induce nel futuro di una persona sana sintomi simili a quelli osservati nella persona malata e questa sostanza viene diluita nell'acqua (oltre il valore di Avogadro), il futuro comincia a retroagire nel presente.

Con la causalità al fine di aumentare l'effetto è necessario aumentare la causa (la sostanza attiva), mentre con la retrocausalità per aumentare l'effetto è necessario ridurre la causa. La retrocausalità funziona in modo opposto alla causalità. Questo spiega perché in omeopatia il rimedio invece di aumentare il principio attivo deve diluirlo.

---

[36] Paolella M.., *Homeopathic Medicine and Syntropy*: http://www.sintropia.it/journal/english/2014-eng-2-01.pdf

L'omeopatia non può essere spiegata sulla base della causalità classica, poiché l'ingrediente attivo è completamente rimosso dai preparati omeopatici (che sono a base d'acqua). Gli effetti terapeutici, tuttavia, sono evidenti e possono essere dimostrati sperimentalmente. I risultati sono forti anche quando nessun effetto placebo è possibile, come è il caso degli studi condotti sulle piante in agricoltura.

Le proprietà retrocausali dell'acqua sono dovute al legame idrogeno. Gli atomi di idrogeno si trovano in una posizione intermedia tra il subatomico e il livello molecolare e forniscono un ponte che consente alla sintropia di fluire dall'attrattore al livello macroscopico.

Gli attrattori consentono di formulare una nuova ipotesi su come funziona l'evoluzione della vita. Una delle obiezioni all'evoluzione per mutazioni casuali è il fatto che le proteine più semplici sono costituite da catene di 90 amminoacidi e che i calcoli combinatori mostrano che sono necessarie più di 10^{600}

permutazioni (cioè 1 seguito da 600 zeri) per combinare casualmente 90 amminoacidi in una proteina "spontanea".

Walter Elsasser, in un lavoro pubblicato su American Scientist[37], mostra che nei 13-15 miliardi di anni del nostro Universo non si sono verificati più di 10^{106} eventi (considerando anche il livello dei nanosecondi). Di conseguenza, qualsiasi evento che richieda un valore combinatorio maggiore di 10^{106} è semplicemente impossibile nel nostro Universo.

Il numero 10^{600} è di gran lunga maggiore di tutte le possibili combinazioni nella storia del nostro Universo. In altre parole, la possibilità che solo una proteina si sia formata per effetto del caso è nulla.

I risultati di Elsasser mostrano che: *"la nozione di caso in biologia non ha fondamento logico ... il suo uso per spiegare la vita è al massimo metaforico, ma c'è il pericolo che questa metafora possa portare l'attenzione nella direzione sbagliata."*

---

[37] Elsasser W.M., *A causal phenomena in physics and biology: A case for reconstruction*. American Scientist 1969, 57: 502-16.

La vita mostra un'incredibile complessità che converge verso progetti comuni, nonostante le differenze individuali. Ad esempio, possiamo riconoscere razze diverse, come europei, asiatici, africani, ma c'è qualcosa che unisce tutti questi individui e che li rende tutti esseri umani.

Considerando solo il contributo del passato, è impossibile spiegare perché gli individui convergano verso progetti comuni ed è impossibile spiegare la stabilità di questi progetti nel tempo.

Gli attrattori descrivono questa stabilità e questa convergenza.

Il biologo Rupert Sheldrake ha ideato esperimenti che mostrano che quando individui della stessa specie imparano a risolvere un compito, questa conoscenza si diffonde in modo invisibile e immateriale a tutti gli altri individui della stessa specie.

Gli attrattori si comportano come dei ripetitori. Quando un individuo risolve un compito e riceve un beneficio, l'informazione viene inoltrata a tutti gli altri individui.

Gli attrattori stabiliscono un ponte tra

individui che consente di sviluppare una conoscenza condivisa.

Gli individui che convergono verso lo stesso attrattore sono in grado di condividere la conoscenza in modo invisibile, senza il coinvolgimento di alcun mezzo fisico. Questo è noto in meccanica quantistica come entanglement e non-località.

Gli attrattori ricevono informazioni ed esperienze dagli individui, selezionano ciò che è vantaggioso e lo ridistribuiscono. Questo processo trasforma le singole esperienze in informazioni intelligenti, soluzioni, progetti e forme.

Il verbo "informare" viene dal latino "in-formare", che significa "dare forma". Aristotele credeva che "l'in-formazione" fosse una proprietà fondamentale dell'energia e della materia. L'in-formazione non ha un significato immediato, come la parola "conoscenza", ma implica piuttosto una modalità che porta alla creazione di forme. Una volta che una forma si realizza può manifestarsi in tutti gli individui che sono collegati allo stesso attrattore.

Le persone spesso chiedono se gli attrattori implicano che il futuro sia già determinato. La risposta è semplicemente NO, implicano esattamente il contrario!

Gli attrattori indicano che ritorneremo inevitabilmente al luogo in cui la sintropia ha origine, ciò che Teilhard de Chardin chiama il *punto Omega*, ma il percorso dipende dalle nostre scelte.

Se gli attrattori non esistessero, vivremmo in un universo meccanico totalmente determinato dal passato. Invece siamo costantemente costretti a scegliere tra la testa e il cuore, tra passato e futuro.

L'acqua non è un liquido inerte, è il mezzo con il quale ci connettiamo con l'attrattore e riceviamo l'in-formazione e la sintropia che nutre i processi vitali del corpo. Il legame idrogeno fornisce all'acqua proprietà diverse da quelle di tutti gli altri liquidi. Queste proprietà spiegano un'ampia gamma di fenomeni che la medicina non è ancora in grado di accettare.

Quando c'è carenza d'acqua prevale l'entropia che causa sofferenza e sintomi che sono spesso interpretati dalla medicina convenzionale come malattie organiche.

Nel libro "*Il tuo corpo implora Acqua*"[38] il medico iraniano Fereydoon Batmanghelidj (1931-2004) offre un'importante spiegazione del ruolo dell'acqua nella vita, e in particolare nel corpo umano.

Batmanghelidj completò i suoi studi di medicina al St. Mary's Hospital di Londra e quando tornò in Iran aprì diverse cliniche. Tuttavia, durante la rivoluzione iraniana del 1979 fu arrestato e passò quasi tre anni in prigione a Teheran. Una prigione che era stata progettata per 600 persone, ma che ne ospitava più di 9 mila.

Ecco come Batmanghelidj descrive la sua scoperta:

"L'incubo della morte in quel buco infernale minacciava tutti e metteva alla prova il coraggio e la forza dei deboli e dei forti. Fu allora che il corpo umano mi rivelò alcuni dei suoi più grandi segreti, segreti mai capiti dalla scienza medica. (...) Una notte, dopo circa

---

[38] Batmanghelidj F, *Il tuo corpo implora Acqua*, www.amazon.it//dp/8862294514

due mesi di prigionia, quel segreto fu rivelato. Erano circa le 23:00. Mi sono svegliato, uno dei miei compagni di cella soffriva di terribili dolori allo stomaco. Non poteva camminare. Altri lo stavano aiutando ad alzarsi. Soffriva di ulcera peptica e aveva bisogno di cure mediche. Era molto malato, ma non mi era stato permesso di portare medicine con me. A questo punto si è verificato l'evento sorprendente! Gli ho dato due bicchieri d'acqua e il dolore è scomparso nel giro di pochi minuti e lui è riuscito a stare in piedi da solo."

A causa delle condizioni estreme nella prigione di Teheran, Batmanghelidj è stato in grado di scoprire che molte malattie possono essere guarite semplicemente con l'acqua. Batmanghelidj è giunto alla conclusione che la mancanza di acqua è espressa non solo dalla sete e dalla bocca secca, ma anche da una serie di sintomi localizzati che servono a informarci su un bisogno locale di acqua. Questi segni locali di disidratazione assumono la forma di dolore e sono solitamente interpretati come sintomi di malattia e non come bisogno di acqua. Batmanghelidj si è reso conto che spesso si confondono per malattie i dolori causati da una situazione di disidratazione locale.

La medicina convenzionale si concentra sul 25% solido e non considera il ruolo dell'acqua (cioè l'altro 75% del corpo), poiché assume che la parte solida sia il principio attivo e che tutte le funzioni dell'organismo dipendano dal solido mentre l'acqua funziona solo come un solvente che riempie lo spazio.

Il corpo umano è considerato come una grande "provetta" riempita con diversi tipi di solidi e acqua come materiale da imballaggio chimicamente inerte e insignificante.

La medicina convenzionale presuppone che i soluti (sostanze disciolte o trasportate nel sangue) regolino tutte le attività del corpo, mentre si presume che l'assunzione di acqua (il solvente) sia generalmente ben rispettata, poiché l'acqua è facilmente reperibile.

Sulla base di questa ipotesi, la ricerca medica è stata indirizzata allo studio dei solidi che sono considerati responsabili per l'insorgenza delle malattie. Ad oggi, una bocca secca è l'unico sintomo riconosciuto di disidratazione. Tuttavia, secondo Batmanghelidj, una bocca secca è solo il sintomo ultimo di estrema disidratazione.

Batmanghelidj spiega diverse malattie come conseguenza della carenza d'acqua: artrite reumatoide, ipertensione, colesterolo, peso corporeo eccessivo, asma e alcune allergie.

Secondo Batmanghelidj l'errore della medicina convenzionale è quello di confondere la disidratazione con la malattia. Questo errore inibisce le necessarie misure preventive e al paziente non vengono forniti i trattamenti idrici necessari per curare la sua sofferenza.

Alla prima comparsa di dolore, il corpo dovrebbe ricevere acqua. Al contrario, la medicina convenzionale fornisce farmaci che bloccano i sintomi della mancanza di acqua e la conseguente conversione dei sintomi in malattie croniche e disidratazione cronica.

Batmanghelidj suggerisce di cambiare il paradigma medico, passando da una visione centrata sulle proprietà del soluto (sostanza solida, cioè le cause passate), ad una visione centrata sulle proprietà del solvente (acqua cioè gli attrattori).

Batmanghelidj afferma che il solvente (l'acqua) regola le funzioni del corpo, comprese le attività di tutti i soluti (i solidi) disciolti in essa.

In questo nuovo paradigma le malattie sono interpretate come disturbi del metabolismo dell'acqua (metabolismo del solvente).

L'acqua trasporta sostanze nutritive, ormoni e messaggi chimici e svolge molteplici funzioni vitali. L'equilibrio tra sostanze chimiche e solide viene ripristinato con un corretto apporto idrico. Alla luce di queste considerazioni, l'acqua diventa la cura naturale per un ampio spettro di disturbi che sono attualmente etichettati come "malattie".

Gli attrattori uniscono le parti. L'unità del nostro Sé è rafforzata quando abbiamo una missione, quando stiamo convergendo verso un attrattore. Al contrario, quando la coesione diminuisce il chiacchiericcio della mente aumenta e la nostra personalità si sgretola. Convergere è terapeutico poiché unisce le nostre parti e le porta a cooperare.

Dal momento che rafforzano il Sé, gli

attrattori aumentano l'individualizzazione, tuttavia conducono anche verso l'unità. Sembra una contraddizione, ma l'unità e la diversità vanno di pari passo!

Il paleontologo evoluzionista Teilhard de Chardin ha notato che l'incredibile stabilità delle specie è data dal fatto che convergono verso attrattori: la vita è guidata da attrattori e si evolve secondo una gerarchia di attrattori, fino a raggiungere l'attrattore finale, il punto Omega.
Il tema dell'attrazione è stato al centro della ricerca di Teilhard:

"Ridotto alla sua essenza, il problema della vita può essere espresso in questo modo: accettando i due principi di conservazione dell'energia e dell'entropia, come possiamo assimilare senza contraddizione, una terza legge universale (che è espressa dalla biologia), quella dell'organizzazione di energia ? ... la situazione diventa chiara quando consideriamo, alla base della cosmologia, l'esistenza di una sorta di anti-entropia."

Teilhard formulò l'ipotesi di un'energia convergente, simile a quella che Fantappiè scoprì con la sintropia.

"In altre parole, non solo un tipo di energia, ma due diverse energie; due energie che non possono trasformarsi direttamente l'una nell'altra, perché operano a diversi livelli ... Il comportamento di queste due energie è così completamente diverso e le loro manifestazioni così completamente irriducibili che potremmo credere che appartengano a due modi completamente indipendenti di spiegare il mondo. Eppure, poiché l'uno e l'altro, si trovano nello stesso universo e si evolvono contemporaneamente, deve esserci una relazione segreta."

Il percorso verso l'attrattore richiede diversità, diverse specie, diverse culture, idee, ideologie e religioni. Come le tessere di un mosaico che insieme formano l'unità del disegno, le nostre individualità sono pezzi che convergono insieme.

Steve Jobs trovò la sua missione in un computer da tenere in una mano, e questo divenne il suo progetto di vita. Ognuno ha uno scopo. Piccoli o grandi sono tutti ugualmente importanti. Quando raggiungiamo il nostro obiettivo, possiamo morire felici e poi continuare l'avventura verso il punto Omega in una nuova vita, con un'altra missione.

- *Vita e morte*

Raymond Moody, psicologo e medico americano, è diventato famoso per i suoi libri sulla vita dopo la morte e per le esperienze di premorte, un termine coniato nel 1975 nel suo best-seller *"La via oltre la vita"*[39].

Dopo un incontro con lo psichiatra George Ritchie, che gli raccontò di un incidente in cui morì e del viaggio nell'aldilà, iniziò a documentare resoconti di persone che avevano vissuto la morte.

Moody ha scoperto che molti elementi sono ricorrenti, come la sensazione di uscire dal proprio corpo, di viaggiare attraverso un tunnel, incontrare parenti morti e una luce brillante. Dopo aver parlato con oltre un migliaio di persone che hanno avuto questo tipo di esperienza, Moody ha iniziato a sostenere l'idea che ci sia una vita dopo la morte.

---

[39] https://www.amazon.it/dp/8867002864

Moody ha notato che le persone che muoiono e vengono poi resuscitate grazie alle moderne tecniche mediche, tornano trasformate. Spesso abbandonano il loro lavoro per avventurarsi in attività finalizzate al benessere degli altri. Moody sottolinea che le esperienze di premorte sono profondamente trasformative, permettono di scoprire il significato della vita e di connettersi alla grande energia di amore, ciò che qui chiamiamo l'Attrattore.

Ma le persone devono sperimentare la morte per iniziare questo processo di trasformazione?

La risposta è stata fornita da Brian Weiss e da Michael Newton.

Come psicoterapeuta e psichiatra Brian Weiss era scettico riguardo alla reincarnazione, ma quando uno dei suoi pazienti iniziò a ricordare i traumi di una vita passata e a capire la causa dei ricorrenti attacchi di panico e iniziò a canalizzare messaggi sulla famiglia di Weiss da parte del figlio che era morto, Weiss cominciò a usare l'ipnosi per indurre regressioni a vite passate.

La trance ipnotica è uno stato in cui l'attenzione si sposta verso l'interno. Abbiamo continuamente piccole trance ipnotiche. Weiss scoprì che un paziente in trance può facilmente rivivere una vita precedente.

Michael Newton ha aggiunto la progressione ipnotica alla regressione ipnotica. Dopo che i suoi pazienti regrediscono ad una vita precedente, usa la progressione ipnotica per farli progredire fino alla morte. Questa tecnica permette di sperimentare la morte senza dover morire.

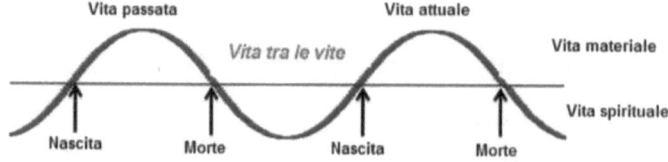

L'idea è che vibriamo tra la vita e la morte. Quando siamo nati la sintropia è alta, ma il mondo materiale aumenta l'entropia e ci conduce alla morte. La morte è la transizione dalla vita materiale alla vita spirituale. Nella vita spirituale la sintropia aumenta al punto da obbligarci a rinascere. La vita spirituale è sintropica e la connessione con l'Attrattore è forte. La vita materiale è entropica e la connessione è più difficile: non ricordiamo quale sia la nostra missione e il nostro scopo di vita e con grande facilità cadiamo nel fascino dell'entropia e della materialità. L'obiettivo è di ricollegare le persone all'attrattore.

Tuttavia, la sintropia introduce un nuovo concetto di reincarnazione che in qualche modo contraddice o espande il modello usato da Weiss e Newton.

L'unità della nostra anima è data dalla sintropia, dal fatto che convergiamo verso l'attrattore. Quando divergiamo le proprietà coesive della sintropia diminuiscono e la nostra anima tende a frantumarsi. Ciò può spiegare numerosi disturbi psicologici e psichiatrici, come il disturbo di personalità multipla noto anche come disturbo dissociativo dell'identità. Questo disturbo è caratterizzato da almeno due personalità distinte e relativamente durature. Spesso ci sono problemi nel ricordare certi eventi, al di là di ciò che sarebbe spiegato dall'ordinaria dimenticanza e questi stati si alternano nel comportamento di una persona.

La sintropia suggerisce che ci reincarniamo solo se la componente sintropica (coesa) è forte, altrimenti quando moriamo la nostra anima si dissipa e perde la sua identità.

Possiamo rappresentare ciò come segue:

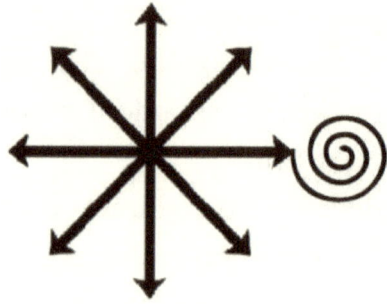

Siamo liberi di andare in tutte le direzioni possibili, ma solo una ci porta verso l'attrattore e rende la nostra anima coesa, permettendo di mantenere la sua identità di vita in vita.

Al contrario, l'identità di chi si allontana dall'attrattore svanisce con la morte.

Le identità delle persone che si muovono parzialmente verso l'attrattore si mescolano portando a molteplici esperienze di vite passate in cui possiamo essere la reincarnazione di un gruppo di anime e non una singola anima.

Secondo Teilhard de Chardin, l'universo sta gradualmente aumentando la sua spiritualità (coscientizzazione) e alla fine diventerà una singola anima che si unirà con l'Attrattore finale nel Punto Omega.

MENTE E COSCIENZA

La coscienza, la *"sensazione di esistere"* è ancora un mistero. I neuroscienziati presumono che la coscienza emerga dalla materia, mentre gli scienziati quantistici credono che la materia emerga dalla coscienza.

Luigi Fantappiè e Pierre Teilhard de Chardin hanno descritto la coscienza come una proprietà dell'energia a tempo negativo. L'energia fisica può essere percepita mentre l'energia a tempo negativo può essere sentita: la testa percepisce, il cuore sente.

Ci troviamo costantemente di fronte a ciò che dice la testa e ciò che dice il cuore e siamo costretti a scegliere. Il cuore ci dà la direzione e l'obiettivo, mentre la testa fornisce gli strumenti e l'esperienza. Entrambi sono necessari.

Partendo dalla duplice soluzione dell'energia, il matematico Chris King ha ipotizzato che il libero arbitrio derivi dal fatto che ci troviamo di fronte a biforcazioni tra informazioni che arrivano dal passato (entropia) e in-formazione che arrivano dal futuro (sintropia).

Queste biforcazioni obbligano a scelte e ci mettono in una condizione di libero arbitrio.

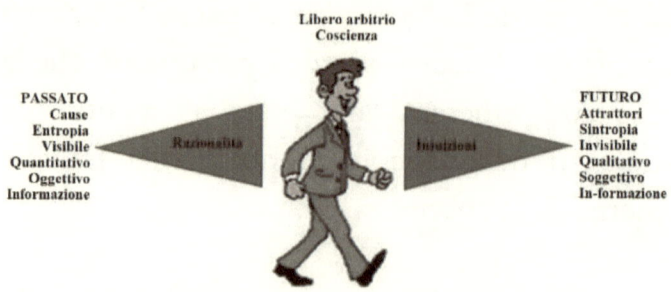

Modello supercausale del libero arbitrio

Poiché l'energia che si propaga in avanti nel tempo e quella che si propaga a ritroso sono perfettamente bilanciate, si ricevono quantità simili di informazioni e di in-formazioni.

Questo potrebbe spiegare la perfetta divisione del cervello in due emisferi.

Possiamo sostituire l'illustrazione precedente con quella dei due emisferi del cervello, dove l'emisfero sinistro è la sede del ragionamento logico "avanti nel tempo" e l'emisfero destro è la sede del ragionamento intuitivo "indietro nel tempo".

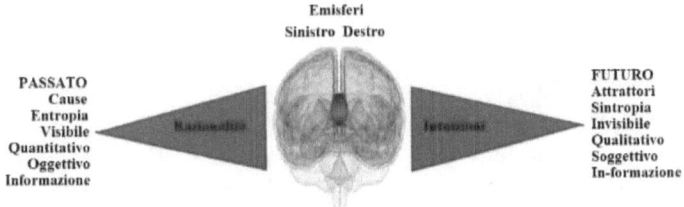

Il pensiero logico-razionale è oggettivo e quantitativo e il pensiero intuitivo è soggettivo e qualitativo.

La sintropia aggiunge a questa rappresentazione la bussola del cuore e l'attrattore e descrive la mente come organizzata su tre livelli:

- la *mente cosciente* che è associata alla testa e al libero arbitrio;
- la *mente inconscia* che è associata al sistema nervoso autonomo e a processi altamente automatizzati;
- la *mente super-cosciente* che è l'attrattore, è orientata al futuro e fornisce direzione, scopo e significato alla nostra vita.

Conscio
Libero arbitrio

Superconscio
Intuizione
Finalità / Visione

Inconscio
Processi automatizzati

- La *mente cosciente* su cui siamo sintonizzati durante la veglia, ci connette alla realtà fisica, media tra i vissuti del "cuore" e le informazioni che provengono dal piano fisico della realtà. Questo continuo stato di scelta è alla base del libero arbitrio.
- La *mente inconscia* governa le funzioni vitali del corpo, quindi chiamate involontarie, come battito cardiaco, digestione, funzioni rigenerative, crescita e riproduzione. Esegue programmi altamente automatizzati, che ci permettono di svolgere molte attività complesse, senza dover pensare continuamente a loro, come camminare, andare in bicicletta e guidare. Fornisce al

corpo sintropia ed è la sede dei vissuti che ci informano sulla connessione con l'attrattore. Si può accedere alla mente inconscia durante i sogni, la meditazione e gli stati di coscienza alterata come la trance ipnotica.
— La *mente superconscia* è l'attrattore, la fonte della sintropia, l'energia della vita, che guida al benessere e alla felicità. Fornisce scopo e missione, intuizioni, sogni e visioni. Fornisce intelligenza, conoscenza e risposte ai problemi. Sviluppa progetti che sono il risultato del contributo di tutti gli individui collegati ad esso.

- *La mente cosciente e il libero arbitrio*

La mente cosciente deve costantemente scegliere tra il futuro e il passato, e ciò è alla base del libero arbitrio. Le *in-formazioni* provenienti dal futuro agiscono come attrattori, vissuti del cuore, mentre le informazioni provenienti dal passato agiscono come cause, esperienze e conoscenze acquisite.

Scegliamo continuamente tra attrattori e cause. Passato e futuro convivono nella nostra mente e hanno portato alla specializzazione dei due emisferi cerebrali. La corteccia non è un singolo blocco, ma è divisa nell'emisfero sinistro che è la sede del pensiero lineare, basato sulla causalità, e l'emisfero destro che ha un approccio globale ed è guidato dai vissuti interiori.

L'emisfero sinistro si basa su come appaiono le cose, mentre l'emisfero destro sente l'essenza. L'emisfero sinistro è focalizzato su ciò che è visibile, quello destro sull'invisibile e sul qualitativo.

Il neurofisiologo Antonio Damasio ha scoperto che le persone con deficit decisionali, che non sono in grado di compiere scelte vantaggiose, mostrano alterazioni nella capacità di sentire. Questo deficit è comune tra le persone che hanno lesioni nel lobo frontale del cervello o usano droghe e alcol che compromettono la capacità di sentire.

Le persone con deficit decisionali hanno funzioni cognitive intatte: memoria, attenzione, percezione, linguaggio, logica astratta, capacità aritmetica, intelligenza, apprendimento e conoscenza. Rispondono bene alla maggior parte dei test e le loro funzioni cognitive sono normali, ma non sono in grado di decidere appropriatamente per ciò che riguarda il loro futuro. Si osserva una dissociazione tra la capacità di decidere su oggetti, spazio, numeri e parole e la capacità di decidere per il proprio futuro.

Da un lato, le funzioni cognitive sono intatte, ma d'altra non vengono usate a proprio vantaggio. In neuropsicologia questo deficit è definito dissociazione tra le abilità cognitive e il loro uso.

Gli individui con deficit decisionali sono caratterizzati dalla conoscenza ma non dai sentimenti. Mancano di preoccupazione per il futuro, non sono in grado di pianificare il futuro e fare programmi efficaci per le ore a venire, confondono le priorità e mancano di lungimiranza.

Damasio mostra che le sensazioni somatiche interne che prendono la forma di sentimenti, accelerazione del battito cardiaco, intuizioni, contrazione del respiro e dei muscoli sono fondamentali nei processi decisionali.

In soggetti normali, queste sensazioni interiori aiutano ad orientare la razionalità, conducendola in spazi appropriati in cui gli strumenti della logica possono efficacemente aiutare il processo decisionale.

I deficit decisionali mostrano che esiste un insieme di sistemi che orientano il pensiero verso il futuro, verso un fine e che ciò è alla base del processo decisionale ed è guidato dai vissuti interiori.

- La mente inconscia e il sistema nervoso autonomo

Il sistema nervoso autonomo acquisisce sintropia e la distribuisce nutrendo i processi rigenerativi e di guarigione e fornendo il progetto al corpo e alle sue parti.

Gli attrattori retroagiscono dal futuro tramite il sistema nervoso autonomo. Allo stesso tempo ricevono esperienze da tutti gli individui ad essi collegati e selezionano ciò che è vantaggioso per la vita, ridistribuendo questa conoscenza a tutti gli individui come *in-formazioni*.

Secondo questa visione l'evoluzione è un processo collettivo guidato dall'intelligenza che arriva dagli attrattori.

La parola intelligenza viene dal latino ed è la combinazione di due parole: *intus*=dentro e *legere*=leggere.

Se cerchiamo di spiegare l'intelligenza, l'ordine e l'in-formazione come risultato delle cause passate, entriamo in contraddizioni e paradossi, poiché la causalità e le mutazioni casuali sono governate dall'entropia che porta ad un aumento del disordine. Tuttavia, assistiamo a un'incredibile complessità e alla convergenza di questa complessità verso progetti comuni e intelligenti, nonostante le differenze individuali. Considerando solo il passato è impossibile spiegare la convergenza verso gli stessi progetti e la stabilità di questi progetti nel tempo. Al contrario, una volta che una soluzione prende forma nell'attrattore, può in-formare tutte le persone ad esso collegate.

Il sistema nervoso autonomo svolge un ruolo chiave poiché collega le persone all'attrattore e in questo modo riceve energia vitale (sintropia) e in-formazione.

Nonostante l'incredibile quantità di intelligenza mostrata dall'in-formazione, questa è diffusa a tutti i livelli della vita. È una proprietà della mente inconscia, del sistema nervoso autonomo:

Il sistema nervoso autonomo:

- È guidato dai vissuti interiori.
- Fornisce sintropia ai vari organi del corpo ed esegue azioni di guarigione basate sui disegni ricevuti dall'attrattore.
- Si comporta come un meccanico che consulta il libro del produttore per eseguire le riparazioni e mantenere il sistema il più vicino possibile al progetto. Il progetto è però scritto con l'inchiostro delle e-mozioni.
- Sottostà a tutte le funzioni involontarie del corpo ed è responsabile del controllo del movimento dei muscoli e degli arti.
- Governa tutte le funzioni del corpo che non sono soggette a scelta e che non richiedono il livello cosciente. Ad esempio, è responsabile della digestione, della frequenza cardiaca, dell'assimilazione del cibo, della rigenerazione cellulare. Questi

sono processi che sono completamente sconosciuti alla nostra mente cosciente. Non sappiamo come vengono eseguiti e, spesso, non sappiamo nemmeno che esistono. Il corpo sa tutto e mostra uno straordinario livello di intelligenza.

— Dirige e regola questi processi, esprimendo così capacità e intelligenza che sono incredibilmente più elevate della nostra mente cosciente.

— Memorizza modelli di comportamento di apprendimento che poi esegue in modo autonomo e automatico e che vengono mantenuti nel tempo, dando origine ad abitudini e apprendimento. Questo ricordo viene quindi immagazzinato, almeno in parte, nei muscoli del corpo sotto forma di modelli di comportamento.

— Ripete i modelli comportamentali, finché diventano abitudini che si attivano automaticamente, indipendentemente dalla nostra volontà. Questi schemi sono quindi posti saldamente nella memoria della mente inconscia. La mente cosciente spesso non ricorda ciò che è incluso nella memoria della mente inconscia. L'accesso alla mente inconscia può aprire incredibili possibilità nei processi di conoscenza di noi stessi.

La mente inconscia agisce anche come custode di qualsiasi informazione che la mente cosciente non può gestire.

Quasi tutte le funzioni viscerali (battito del cuore, respiro, digestione, ecc.) sono sotto il controllo del sistema nervoso autonomo. Poiché la sintropia si propaga indietro nel tempo, attiva in anticipo le sensazioni viscerali, fornendo informazioni sul futuro. Gli animali seguono istintivamente queste informazioni viscerali. Ciò permette agli animali di sentire il futuro con giorni di anticipo.

Il primo rapporto risale al 373 a.C., quando alcuni animali, tra cui topi, serpenti e donnole, fuggirono dalla città greca di Elice pochi giorni prima di un devastante terremoto. Gli animali erano in preda al panico, i cani abbaiavano e guaivano senza motivo apparente.

In Cina, dove l'energia vitale viene presa in considerazione seriamente, questi strani comportamenti vengono usati come campanelli d'allarme. Ad esempio, nel 1975 agli abitanti di Haicheng, una città con un milione di abitanti, fu ordinato di fuggire dalle loro case. Pochi giorni dopo un terremoto di magnitudo 7,3 rase al suolo la città. Se il comportamento anomalo degli animali non fosse stato preso sul serio, sarebbero morte oltre 150.000 persone.

- La mente superconscia e l'attrattore

La mente superconscia è l'attrattore. L'attrattore è al di fuori del nostro corpo fisico e del nostro tempo ed è collegato al nostro corpo tramite il sistema nervoso autonomo (il plesso solare/cuore).

L'attrattore è la fonte della sintropia. Poiché la sintropia agisce come un concentratore di energia, una buona connessione con l'attrattore è segnalata da vissuti di calore e di benessere nell'area del cuore. Al contrario, una debole connessione con l'attrattore è segnalata da vissuti di vuoto e dolore di solito chiamati ansia e angoscia, accompagnati da sintomi del sistema nervoso autonomo, come nausea, vertigini e sensazioni di soffocamento.

La mente superconscia fornisce scopo e direzione, intuizioni e visioni del futuro.

La connessione con l'attrattore viene incoraggiata quando riduciamo l'entropia nella nostra vita, quando calmiamo il chiacchiericcio della nostra mente, le nostre paure ed evitiamo l'uso di alcool, tabacco, droghe e caffè, quando coltiviamo un buon contatto con la natura, seguiamo una dieta vegetariana e/o liquidariana e uno stile di vita minimalista.

Il mondo invisibile della sintropia funziona in modo opposto a quello ordinario: la ricchezza richiede frugalità, l'unità ha bisogno di diversità, grandi effetti vogliono piccole cause.

Risultati apparentemente impossibili possono essere raggiunti con poco sforzo, come trasformare i deserti in terreni fertili, riattivare il ciclo delle piogge e ridurre l'effetto serra (vedi l'agricoltura sintropica[40]), ridurre i debiti e i costi; soddisfare il fabbisogno energetico in modo ecologico e sostenibile, trasformare le crisi in opportunità, produrre

---

[40] https://lifeinsyntropy.org/en/

ricchezza e benessere.

La potenzialità sta nella voce del cuore. Quando usiamo la bussola del cuore scegliamo nel modo più vantaggioso per noi e per gli altri.

Per capire meglio come funziona, vediamo più in dettaglio cosa dice Henri Poincaré.

Poincaré notò che di fronte a un nuovo problema iniziava utilizzando l'approccio razionale della mente cosciente che consente di prendere in rassegna gli elementi del problema. Ma poiché le possibili soluzioni sono infinite e ci vorrebbero infinite vite per valutarle tutte, un altro tipo di processo porta alla soluzione.

"La genesi della creazione matematica è un problema che dovrebbe interessare gli psicologi ... È tempo di andare più a fondo e vedere cosa succede nell'anima stessa del matematico... tutti i miei sforzi servivano solo a mostrarmi la difficoltà ... partii per Mont-Valérien, dove dovevo passare il mio servizio militare; quindi ero molto diversamente occupato. Un giorno, percorrendo la strada, mi apparve improvvisamente la soluzione alla difficoltà che mi aveva fermato. ... La prima cosa che colpisce è questa illuminazione improvvisa ... Queste improvvise ispirazioni non accadono mai se non dopo

alcuni giorni di sforzo volontario assolutamente infruttuoso ... Ho parlato del vissuto di assoluta certezza che accompagna l'ispirazione ... la soluzione è sentita piuttosto che formulata ... Può essere sorprendente... la sensazione della bellezza matematica, dell'armonia dei numeri, delle forme e della geometria. Questa è una sensazione estetica che tutti i veri matematici conoscono, e sicuramente appartiene alla sensibilità."[41]

Il processo di creazione può essere suddiviso in quattro fasi:

1. Una fase conscia durante la quale acquisiamo gli elementi che costituiscono il problema.
2. Una fase inconscia che termina con l'intuizione, evidenziata da una sensazione di certezza e bellezza.
3. L'intuizione è il punto di partenza da cui la mente cosciente può formalizzare i dettagli, grazie alla rigida disciplina e al pensiero logico della mente cosciente, di cui l'inconscio è incapace.

---

[41] Henri Poincaré, *Mathematical Creation, from Science et méthode*, 1908.

4. Quando i dettagli sono formalizzati, la convalida empirica conclude il processo.

Le intuizioni sono evidenziate da una sensazione di certezza, calore e bellezza che porta la soluzione al livello della mente cosciente.

L'interazione tra passato e futuro, conscio e inconscio è evidente nella strategia che i gatti utilizzano quando vogliono saltare su un tavolo.

Non sono in grado di vedere cosa c'è sul tavolo, ma sentono l'odore del cibo e vogliono saltare. Iniziano girando intorno finché non scelgono un punto. Quindi iniziano a valutare il salto muovendo lentamente la schiena.

Ma cosa stanno valutando, dal momento che non riescono a vedere cosa c'è sul tavolo? Non possono fare affidamento su alcuna informazione razionale per la loro valutazione. Eppure, quando saltano, atterrano perfettamente nei punti più stretti!

Secondo la teoria della sintropia giocano con il futuro valutando i vissuti associati ai vari possibili salti. Provano "virtualmente" infiniti salti e sentono il risultato. Quando la sensazione è di certezza saltano. I vissuti di certezza consentono alle intuizioni di entrare nella mente cosciente.

- *Quando finisce la vita?*

Il concetto di morte cerebrale è stato introdotto nel mondo scientifico contemporaneamente al primo trapianto di organi. I criteri di morte naturale, cioè la fine dell'attività cardiaca e l'arresto della circolazione del sangue, non consentivano infatti di effettuare trapianti di organi.

L'idea che la morte cerebrale causi la morte della coscienza e quindi della vita serve per legittimare l'espianto di organi da corpi ancora caldi (a cuor battente).

La prima definizione di morte cerebrale fu formulata nel 1968 da un comitato della Harvard Medical School ed è nota come "*I criteri di Harvard per la determinazione della morte cerebrale.*" Questi criteri divennero la base delle leggi nazionali su quando è permesso considerare una persona "legalmente" morta.

Nel 1975 si tenne all'Avana (Cuba) il secondo simposio internazionale sulla morte cerebrale dove si stabilì che un'EEG è considerato piatto quando l'ampiezza non supera i 2 micro volt, cioè il 5% dell'attività normale.

Nel 1985, con una dichiarazione della Pontificia Accademia delle Scienze, il Vaticano accettò il Rapporto di Harvard e Papa Giovanni Paolo II parlò in diverse occasioni sul tema, legittimando la rimozione di organi da corpi caldi, nonostante il fatto che respirino e che il cuore batta ancora.

Tuttavia, il 3 settembre 2008 "*L'Osservatore*

Romano", il giornale vaticano, ha dedicato la pagina principale al quarantesimo anniversario del Rapporto di Harvard. Lucetta Scaraffia ha scritto che la morte cerebrale non può essere utilizzata per affermare la fine di una vita e la definizione di morte dovrebbe essere rivista in base alle nuove scoperte scientifiche.

Pochi giorni dopo, l'ufficio stampa vaticano ha sottolineato che *"un articolo non cambia la dottrina: è un editoriale su L'Osservatore Romano, firmato da una persona che porta l'autorità di quella persona."*

Le reazioni del mondo medico e scientifico sono state immediate: "*I criteri della morte cerebrale sono gli unici criteri scientificamente validi per ratificare la morte di un individuo ... la comunità scientifica mondiale approva i criteri di Harvard e le critiche che vengono da minoranze marginali, si basano essenzialmente su considerazioni non scientifiche ... i paesi scientificamente avanzati hanno accettato i criteri della morte cerebrale.*"

Il dibattito continua a crescere. Un intero capitolo in un libro curato da Paolo Becchi: "*La morte cerebrale e il trapianto di organi. Una questione di etica legale*", pubblicato da Morcelliana, illustra l'ambiguità dei criteri di Harvard e contiene la dichiarazione di Hans Jonas che sostiene che la definizione di morte cerebrale di Harvard non sia basata su alcuna reale scoperta scientifica, ma sulla necessità di avere organi per i trapianti.

Nel 1989, la Pontificia Accademia delle Scienze aveva affrontato la questione e il Professor Josef Seifert, Decano dell'Accademia Filosofica Internazionale del Liechtenstein, era l'unico ad opporsi alla definizione di morte cerebrale.

Ma, quando la Pontificia Accademia delle Scienze si riunì nuovamente per discutere la questione, il 3-4 gennaio 2005, le posizioni si invertirono. I partecipanti, filosofi, giuristi e neurologi di vari paesi, hanno convenuto che la morte cerebrale non è la morte dell'essere umano e che i criteri della morte cerebrale non sono scientifici e credibili e dovrebbero quindi essere abbandonati.

Per l'establishment vaticano questi risultati erano inaccettabili e il Vescovo Marcelo Sánchez Sorondo, cancelliere della Pontificia Accademia delle Scienze, ordinò di non pubblicare gli atti dell'incontro.

Vari relatori consegnarono i propri articoli ad un editore esterno, Rubbettino, che li pubblicò nel libro *"Finis Vitae"*[42], a cura del professor Roberto de Mattei, vice direttore del Consiglio nazionale delle ricerche. Il libro è stato pubblicato in due edizioni, in italiano e in inglese e contiene diciotto saggi.

La *Sintropia* sostiene che il sentire di esistere è una proprietà del plesso solare, strettamente collegata all'attività del cuore.

Ciò è evidente quando si espiantano gli organi da persone con EEG piatto. Iniziano a difendersi e ad urlare e devono essere legate al tavolo operatorio per poter procedere all'espianto.

Inoltre, il numero di persone con EEG piatto che si risvegliano in piena coscienza è semplicemente impressionante.

---

[42] https://www.amazon.it/dp/8849820267

- *Coscienza in Cina*

In Cina la coscienza è descritta usando l'ideogramma del cuore 心 (xin) e l'ideogramma della testa 头 (tou):

Il cuore è collocato nella prima posizione, il che significa che il centro della coscienza è il cuore, mentre la testa è posta nella seconda posizione, suggerendo quindi che si tratta di uno strumento al servizio della coscienza.

È anche notevole che una "idea" è la combinazione del cuore a sinistra e "pensare" 想 a destra e che pensare contiene l'ideogramma del cuore come radicale:

Quando comunichiamo i nostri pensieri troviamo a sinistra "messaggio" 信 e a destra il cuore. In altre parole, i nostri pensieri sono "messaggi dal cuore":

Per le intuizioni a sinistra c'è il calore e a destra il cuore ad indicare i vissuti di "calore nel cuore" che accompagnano le intuizioni:

Essere diligenti, attenti, dediti a un progetto è descritto come "occhio del cuore":

Quando nel corso della nostra attività siamo scrupolosi usiamo l'ideogramma "molto" associato al cuore:

Quando diventiamo attori delle nostre scelte, del nostro libero arbitrio, usiamo l'ideogramma "forza" associato al cuore, "un cuore forte":

Tuttavia, quando siamo depressi parliamo di un "cuore grigio" o "cuore senza colore":

Infine, quando siamo in grado di risolvere un problema, parliamo di un "cuore pacifico":

Gli ideogrammi mostra che quando si parla di coscienza in Cina l'attenzione è al cuore.

Nelle civiltà antiche greche, romane, indiane, arabe ed ebraiche, i sistemi scientifici, medici, filosofici e mistici consideravano il cuore la sede della coscienza, mentre il cervello era uno strumento, il servitore del cuore.

Nell'antico Egitto il cuore era considerato la sede della coscienza, mentre il cervello era materia grassa inutile.

LA TEORIA UNITARIA
E
LA TEORIA DEL TUTTO

Luigi Fantappiè nacque a Viterbo il 15 settembre 1901 e si laureò in matematica all'età di 21 anni alla Scuola Normale Superiore di Pisa dove era amico di Enrico Fermi. ed era molto conosciuto tra i fisici.

Dopo la laurea si trasferì a Parigi e successivamente in Germania per un ciclo di conferenze.

Quando tornò in Italia venne assegnato all'Università di Roma e divenne professore ordinario all'età di 27 anni.

Negli anni 1934-1939 fu inviato in Brasile per avviare la facoltà di matematica a San Paolo.

Nell'aprile del 1951 venne invitato da Oppenheimer a diventare membro dell'esclusivo *Institute for Advanced Study* di Princeton e lavorare direttamente con Einstein.

Fantappiè morì durante la notte tra il 28 e il 29 luglio 1956.

In una lettera ad un amico Luigi Fantappiè descrive la scoperta della sintropia in questo modo:

"Nei giorni antecedenti il Natale 1941, in seguito ad alcune discussioni con due colleghi, uno biologo e uno fisico, mi si svelò improvvisamente davanti agli occhi un nuovo immenso panorama, che cambiava radicalmente la visione scientifica dell'Universo, avuta in retaggio dai miei Maestri, e che avevo sempre ritenuto il terreno solido e definitivo, su cui ancorare le ulteriori ricerche, nel mio lavoro di uomo di scienza.

Tutto a un tratto vidi infatti la possibilità di interpretare opportunamente una immensa categoria di soluzioni (i cosiddetti "potenziali anticipati") delle equazioni (ondulatorie), che rappresentano le leggi fondamentali dell'Universo.

Tali soluzioni, che erano state sempre rigettate come "impossibili" dagli scienziati precedenti, mi apparvero invece come "possibili" immagini di fenomeni, che ho poi chiamato "sintropici", del tutto diversi da quelli fino allora considerati, o "entropici", e cioè dai fenomeni puramente meccanici, fisici o chimici, che obbediscono, come è noto, al principio di causalità (meccanica) e al principio del livellamento o dell'entropia.

I fenomeni "sintropici", invece, rappresentati da quelle strane soluzioni dei "potenziali anticipati", avrebbero dovuto obbedire ai due principi opposti della finalità (mossi da un "fine" futuro, e non da una causa passata) e della "differenziazione", oltre che della "non riproducibilità" in laboratorio.

Se questa ultima caratteristica spiegava il fatto che non erano mai stati prodotti in laboratorio altro che fenomeni dell'altro tipo (entropici), la loro struttura finalistica spiegava invece benissimo il loro rigetto "a priori" da parte di tanti scienziati, i quali accettavano senz'altro, a occhi chiusi, il principio, o meglio il pregiudizio, che il finalismo sia un principio "metafisico", estraneo alla Scienza e alla Natura stessa.

Con ciò essi venivano a priori a sbarrarsi la strada di un'indagine serena sulla effettiva possibilità di esistenza in natura di tali fenomeni, indagine che io mi sentii invece spinto a compiere da una attrazione irresistibile verso la Verità, anche se mi sentivo precipitare verso conclusioni così sconvolgenti, da farmi quasi paura; mi sembrava quasi, come avrebbero detto i Greci antichi, che lo stesso firmamento crollasse, o, per lo meno, il firmamento delle opinioni correnti della Scienza tradizionale.

Mi risultava infatti evidente che questi fenomeni "sintropici", e cioè "finalistici", di "differenziazione", "non riproducibili", esistevano effettivamente, riconoscendo fra essi, tipici, i fatti della vita, anche della nostra stessa vita psichica, e della vita sociale , con conseguenze tremende."

La teoria unitaria unifica i fenomeni fisici, chimici, biologici e psicologici, compresi quelli della coscienza, nella stessa cornice razionale e fornisce anche interpretazioni dei fenomeni fondamentali della meccanica quantistica.

Può sembrare strano che un matematico si sia avventurato in una così ampia esplorazione nel campo delle altre scienze, senza avere una conoscenza specifica di esse. Questa considerazione fermò Fantappiè dal divulgare la sua teoria. Ma quando il collega e amico Professor Azzi dell'Università di Perugia gli diede un forte e positivo sostegno, ritenne di doverla formulare in modo più dettagliato e discuterla con colleghi di altre discipline.

Fantappiè presentò la sua *Teoria Unitaria* il 3 novembre 1942, in Spagna, in una conferenza al Consejo Nacional de Investigaciones

Cientificas. Fu poi invitato a Barcellona dove il 1° dicembre 1942, discusse i dettagli della teoria in un incontro privato presso l'Accademia delle Scienze.

Nei giorni che vanno dal 31 maggio al 2 giugno 1943 Fantappiè venne invitato dal professor Carlini alla conferenza di Scienza e Filosofia che si tenne presso la Scuola Normale Superiore di Pisa. In questa occasione presentò la sua Teoria Unitaria a scienziati dei più diversi orientamenti ed ebbe modo di discuterne con molti colleghi prestigiosi. Gli venne dato un intero pomeriggio per le domande e le risposte. Fu allora che decise di scrivere *La Teoria Unitaria del Mondo Fisico e Biologico*.

In questo capitolo la Teoria Unitaria di Luigi Fantappiè viene presentata utilizzando un adattamento delle sue opere che è disponibile in: www.amazon.com/dp/1520237529.

Come Fantappiè mostra, la teoria unitaria:

– conferma la legge della causalità e il secondo principio della termodinamica per tutti i fenomeni che chiamiamo entropici.

La causalità, che era una categoria concettuale, diventa adesso una legge dei fenomeni entropici, che ha un significato preciso e oggettivo.

– descrive fenomeni totalmente diversi da quelli entropici, che possiamo trovare nelle proprietà misteriose della vita. Questi fenomeni sono previsti e spiegati dalle stesse equazioni che governano i fenomeni entropici, ma sono essenzialmente diversi e permettono di vedere un panorama immenso, che potrebbe essere più vasto, diversificato e significativo dei fenomeni entropici.

– mostra che la stessa equazione d'onda che combina la relatività ristretta con la meccanica quantistica predice fenomeni sintropici ed entropici. I fenomeni sintropici sono mossi da attrattori, finalità, mentre i fenomeni entropici sono mossi da cause.

Gli scienziati avevano postulato che con la causalità tutti i fenomeni naturali potessero essere riprodotti. La Teoria unitaria mostra che solo i fenomeni entropici possono essere causati e riprodotti, mentre i fenomeni sintropici non possono essere causati e riprodotti, possono solo essere osservati.

Tutta la conoscenza che è stata sviluppata negli ultimi secoli usando il metodo sperimentale, su cui si basa la scienza, è limitata al lato entropico della natura, mentre per i fenomeni sintropici abbiamo bisogno di una nuova metodologia scientifica.

I fenomeni sintropici possono essere influenzati indirettamente da specifici fenomeni entropici, ma nel complesso costituiscono una parte estremamente importante dell'universo che va oltre la nostra possibilità di manipolazione.

Il lato entropico della realtà non riesce a rendere conto della totalità, poiché le leggi della natura sono simmetriche rispetto al tempo e possono essere divergenti/entropiche e convergenti/sintropiche, e quest'ultimo tipo di fenomeni sono l'essenza della scoperta di Fantappiè.

Se guardiamo alla conoscenza attuale della struttura intima dell'Universo, dice Fantappiè, vediamo che può essere riassunta in tre punti fondamentali:

- La teoria atomica di Dalton, stabilita nel XVIII secolo e successivamente migliorata da Stanislao Cannizzaro, con la distinzione di molecole e atomi, e poi da Lorentz che formulò la teoria delle particelle dell'elettromagnetismo e Planck ed Einstein con la teoria quantistica dell'energia. Questi risultati sull'intima natura delle particelle atomiche della materia e dell'intero universo sono ora considerati acquisiti, poiché sono stati testati e convalidati per più di due secoli.
- La natura ondulatoria di tutti i fenomeni fisici, se considerati nella loro essenza più profonda, a livello della meccanica quantistica, studiato da Heisenberg, Schrödinger, Dirac e altri, ha dato vita alla fisica nucleare moderna. La natura ondulatoria dei fenomeni fisici può ora essere considerata acquisita grazie alla convalida sperimentale di Davison e Germer con i raggi di elettroni che

mostrano le proprietà di diffrazione e di interferenza nelle particelle. Queste proprietà sono tipiche delle onde.
— La validità della teoria della relatività ristretta, che ha ricevuto conferma a livello atomico, come la spiegazione dell'aumento di massa, l'inerzia dell'elettrone e l'aumento della velocità. Questa teoria porta a una descrizione basata su quattro dimensioni che uniscono lo spazio con il tempo, raggiungendo in questo modo una perfetta simmetria tra la dimensione spaziale e temporale, denominata cronotopo.

Come possono essere armonizzati questi tre elementi fondamentali?

Prima di tutto la natura delle particelle atomiche della materia e la manifestazione ondulatoria sembrano in conflitto, poiché uno è deterministico e l'altro probabilistico.

Al momento questo conflitto è stato risolto dicendo che è impossibile prevedere in modo deterministico il comportamento delle particelle poiché la predizione è attribuita a onde che sono probabilistiche.

Le onde offrono una previsione deterministica solo considerando un numero elevato di particelle.[43]

Nella teoria di Boltzmann e di Poincaré l'Universo era descritto come governato da leggi strettamente deterministiche, sia a livello macro che a livello micro. La probabilità era usata in un modo che era considerato solo temporaneo, con la convinzione che l'evoluzione della scienza avrebbe sostituito i valori medi della probabilità con i valori esatti delle rigorose leggi deterministiche, che si riteneva fossero alla base anche del microcosmo.

Ora, invece, le leggi probabilistiche di questi

---

[43] I fenomeni ondulatori sono rappresentati da equazioni differenziali con derivate di secondo ordine del tipo iperbolico, mentre per descrivere i fenomeni studiati dalla meccanica classica e da equazioni ottiche con derivate del primo ordine (equazioni di Jacobi) vengono utilizzate equazioni differenziali ordinarie equivalenti (meccanica canonica). Ciò implica che mentre nella meccanica classica possiamo distinguere traiettorie di entità con la loro propria individualità, nella meccanica ondulatoria la presenza di equazioni con derivate parziali di un ordine iperbolico maggiore di uno conduce a fenomeni che non sono localizzati, con il cambio di tempo, in un'area limitata (basti pensare allo spazio occupato da una particella).

fenomeni sono considerate alla base dell'Universo, mentre le leggi deterministiche, valide a livello macro, sono considerate solo una conseguenza della legge dei grandi numeri.

Nel 1927 Schrödinger rinunciò alla relatività ristretta nella formulazione della sua equazione d'onda poiché nella meccanica quantistica le onde dovrebbero propagarsi a velocità infinite, e questo è in conflitto con la teoria della relatività ristretta che proibisce velocità maggiori della velocità della luce.[44] Il conflitto

---

[44] L'equazione d'onda di Schrödinger prende la funzione hamiltoniana H, che caratterizza il sistema nella meccanica classica e misura l'energia totale relativa alle sue coordinate spaziali e ai momenti, e scrive che l'equazione d'onda (che descrive con il quadrato del suo modulo la densità probabilistica) ha una variazione nel tempo (una prima derivata rispetto al tempo, usando il linguaggio matematico) che è proporzionale, per un fattore costante, ad un'espressione che si ottiene applicando alla stessa funzione un operatore differenziale lineare, che è ottenuto dalla funzione hamiltoniana sostituendo il momento con le derivate delle variabili corrispondenti, cambiate usando un fattore costante. Poiché la funzione hamiltoniana è al quadrato per il momento, si ottiene un'espressione lineare dalle seconde derivate riferita solo alle variabili spaziali e un termine che contiene la funzione sconosciuta y (che è relativa al potenziale), e un ultimo termine in cui la prima derivata è relativa al tempo. Nel caso di una singola particella con le coordinate spaziali x, y, z, l'equazione delle onde di Schrödinger è un'equazione differenziale lineare del secondo ordine, che contiene la prima derivata relativa al tempo, e le seconde derivate delle variabili spaziali sono sempre paraboliche (poiché la particella è un termine H che è espresso

tra l'equazione delle onde non relativistiche di Schrödinger e la relatività ristretta è ovvio anche a livello generale, poiché il tempo appare in modo non simmetrico, come una prima derivata.

È generalmente accettato che l'equazione delle onde di Schrödinger sia solo una descrizione temporanea dei fenomeni quantistici, che è valida con buona approssimazione solo in quei casi in cui la velocità della luce può essere considerata infinita, ma che dovrà essere sostituita da una teoria ondulatoria che è più esatta e che concorda con la relatività ristretta.

Al contrario, le equazioni delle onde relativistiche sono simmetriche per tutte e quattro le variabili, le variabili spaziali x, y, z e la variabile temporale t, in accordo con la relatività ristretta. In questo modo si ottiene un'equazione di secondo ordine non solo per la variabile spaziale, ma anche per il tempo, e viene utilizzato l'operatore di D'Alembert.

Lo studio di tale equazione è stato

---

da un polinomio del secondo ordine nei momenti), dello stesso tipo dell'equazione che governa la conduzione del calore nella materia solida.

brillantemente condotto da Dirac, considerando tutte le sue implicazioni, nel caso dell'elettrone, scomponendo l'equazione del secondo ordine in un'equazione del primo ordine, e mostrando che questa equazione relativistica dell'onda dell'elettrone permette la spiegazione dei fenomeni che fino ad allora erano difficili da comprendere razionalmente, come il momento magnetico dell'elettrone, che ora chiamiamo spin, che è dovuto alla rotazione dell'elettrone su se stesso. Dirac trovò nella sua equazione che accanto all'elettrone appariva anche una soluzione simmetrica, un elettrone negativo che ora si chiama positrone, che non era stato osservato e che era considerato impossibile.

Ma dopo poco, il positrone fu scoperto da Blackett e Occhialini, e questo convalidò la predizione dell'equazione di Dirac di questa particella, mostrando allo stesso tempo il solido fondamento della meccanica quantistica quando si combina con la relatività ristretta.[45]

---

[45] Le proprietà più importanti della seconda derivata che è stata inizialmente formulata da Dirac sono ottenute dal cono caratteristico, che è determinato dai termini del secondo ordine dell'equazione. Questi termini si trovano applicando

È importante sottolineare che sebbene non abbiamo ancora i dettagli delle equazioni dei derivati parziali che descrivono in tutti i loro dettagli i vari sistemi quantistici, possiamo determinare alcune caratteristiche molto importanti di queste equazioni differenziali

---

l'operatore di D'Alembert alla funzione sconosciuta, e di conseguenza il cono caratteristico è sempre reale, facendo corrispondere il cronotopo che, con il vertice nell'evento assegnato, divide gli eventi dal futuro a quelli passati e da quelli che possono essere concomitante, secondo la relatività ristretta. Di conseguenza da questa struttura del cono caratteristico il valore della funzione sconosciuta y dell'evento assegnato (vale a dire nel punto del cronotopo con le coordinate x, y, z, t), almeno nel caso degli eventi che abbiamo precedentemente determinato, può dipendere solo dai valori di y ed eventualmente dai termini dell'equazione (che rappresenta la densità della distribuzione delle sorgenti della propagazione dell'onda) nota dagli eventi passati, mentre il valore del punto y e del termine noto può influenzare solo i valori che si acquisiscono nel campo degli eventi futuri. In altre parole, la dipendenza dal campo delle soluzioni dell'evento considerato è attribuita solo agli eventi passati e all'influenza del campo agli eventi futuri, mentre gli eventi esterni al cronotopo non possono influenzare o essere influenzati dall'evento. Per coloro che hanno meno familiarità con la rappresentazione in quattro dimensioni del cronotopo, è sufficiente dire che gli eventi passati, cioè gli eventi che rientrano nei confini del cono, sono dati per ogni istante prima di quello che stiamo considerando t, dai punti all'interno di una sfera con il suo centro nei punti x, y, z con un raggio che diminuisce con la velocità della luce, fino a raggiungere lo zero nell'istante t, mentre gli eventi futuri sono dati, per ogni istante che segue t i punti di una sfera, con lo stesso centro, con un raggio che aumenta con la velocità della luce, a partire dal valore zero nell'istante t.

sconosciute, come il fatto che le proprietà del cono caratteristico si applicano a tutti i campi di dipendenza e influenza delle soluzioni, che sono descritti dall'equazione di Dirac.

Queste proprietà sono state dedotte da quelle dell'operatore di D'Alembert, che è collegato solo alla natura geometrica del cronotopo, e non dipende dalle particolari proprietà della particella, che sono invece descritte dagli altri termini dell'equazione che non influenzano affatto la natura geometrica del cronotopo. Il cronotopo non varia quando consideriamo un diverso tipo di particella, o sistema particellare, avremo che anche per le equazioni di derivate parziali sconosciute, che supportano questi sistemi quantistici, il cono caratteristico e i campi di dipendenza e influenza delle soluzioni sarà lo stesso di quelli che Dirac ha trovato nelle sue equazioni.[46]

---

[46] Questo può essere chiaramente affermato seguendo un altro percorso; se consideriamo solo che nei fenomeni ondulatori le equazioni dei derivate parziali che le descrivono devono essere del tipo iperbolico e devono soddisfare la relatività ristretta, i valori delle soluzioni di un punto x, y, z in un istante t, per qualsiasi fenomeni che abbiamo causato, devono essere la conseguenza di valori all'interno della sfera convergente verso il punto alla velocità della luce (eventi passati secondo la relatività ristretta) e possono influenzare solo quei punti

Le soluzioni fondamentali dell'operatore di D'Alembert sono state fornite da Poincaré [47], Ritz[48] e Giorgi[49]. Una prima soluzione descrive le onde che divergono dalla sorgente e sono chiamate *potenziali ritardati*.[50] Una seconda soluzione descrive le onde che convergono verso l'origine e sono denominate *potenziali anticipati*.

Le critiche alla possibilità dei potenziali

---

all'interno della sfera che diverge dallo stesso punto, con la stessa velocità (eventi futuri secondo la relatività ristretta), altrimenti se un elemento al di fuori di queste due regioni potesse influenzare o essere influenzato dall'evento, l'azione tra i due eventi dovrebbe propagarsi a velocità superiori alla velocità della luce, che secondo la relatività ristretta è impossibile.

[47] H. Poincaré, Electricité et optiqtee, 2.e éd., Paris, 1901

[48] W. Ritz, Recherches critigues sur l'électrodinantique générale, Ann de physique, 8 s., t. 13, 1908, p. 145

[49] G. Giorgi, *Sulla sufficienza delle equazioni differenziali della fisica matentatica*, Rend. Lincei, s. Ga, vol. VIII, 1928. Per un'ampia bibliografia sull'argomento, cfr. A. Cabras, Sulla teoria balistica della luce, Mem. Lincei, s. 6a, vol. III, f. 6°, 1929.

[50] Partendo dall'ipotesi che l'onda inizia sempre da una sorgente, con una densità misurata dal secondo membro conosciuto dell'equazione; questa soluzione è ottenuta in ogni punto come somma (integrale) degli infinitesimi contributi (potenziali) dovuti alle fonti, distribuite nei singoli elementi del volume, negli istanti precedenti (a quello che viene considerato) in un dato momento, è necessario che l'onda diventi alla velocità della luce c, dall'elemento di volume in cui si trova la sorgente nel punto considerato;

anticipati sono state fatte principalmente da Wiechert, Lorenz, Poincaré, Ritz e Giorgi, che hanno ritenuto che se esistessero onde convergenti sarebbe possibile concentrare energia e in questo modo progettare una macchina a moto perpetua. E questo era considerato impossibile.

Ora, vediamo come la nozione di causa e causalità, così come sono intese dai fisici e dagli scienziati moderni, differisce dal più generale "principio deterministico", considerato come la possibilità di fare una previsione.

Quando diciamo che l'evento A causa B, crediamo che una volta osservato A possiamo certamente prevedere B. Ma possiamo anche prevedere che dopo l'evento della notte il Sole sorgerà, ma nessuno può dire che l'alba del Sole sia causata dalla notte. Nella nozione di causalità c'è qualcosa di più.

Quando possiamo dire che A causa B?

La risposta a questa domanda deve essere cercata nel metodo sperimentale, che Galileo ha posto alla base di tutte le scienze moderne.[51]

A è la causa di B quando inseriamo sperimentalmente A e osserviamo B.

Ma perché un esperimento sia convincente dobbiamo essere liberi, almeno entro certi limiti, di causare A dove e quando vogliamo. Se qualcuno volesse convincerci che A è la causa di B producendo A solo in un luogo e in un tempo specifici, rimarremmo scettici.

Il metodo sperimentale fornisce una risposta esauriente alla domanda se A è la causa di B, solo quando abbiamo la totale libertà di produrre A e vedere se B segue. Solo in questa condizione possiamo essere sicuri che A è la causa di B. Ciò porta all'importante conclusione che possiamo riconoscere gli eventi che sono la causa di altri eventi solo grazie al libero arbitrio dello sperimentatore.

La causalità lascia il posto al "determinismo" più generale e oggettivo che cerca di determinare eventi passati e futuri analizzando eventi presenti. Ma anche il determinismo si è

---

[51] La definizione di causa che diamo qui coincide con la definizione che Galileo ha dato: *"Una causa è quella che quando è presente è seguita da un effetto e quando viene rimosso l'effetto scompare."*

dimostrato insufficiente nello studio delle particelle, lasciando il campo a una prospettiva più ampia nel microcosmo, che si basa sulla probabilità.

Possiamo affermare che allargando la nostra conoscenza le categorie che stavamo cercando di applicare si sono allargate, passando dalla legge della causalità, al determinismo, alle moderne teorie probabilistiche della meccanica quantistica.

Ciò non significa che la causalità e il determinismo dovrebbero essere abbandonati, ma non possono essere usati per spiegare tutta la realtà.

La causalità e il determinismo sono certamente utili e fondamentali nello studio di parti ben definite della realtà. Quando passiamo dalla meccanica ondulatoria al campo deterministico più limitato del macrocosmo, dove si applica la legge dei grandi numeri, le probabilità cambiano in frequenze che possono essere gestite in modo deterministico.

Se isoliamo il sistema in modo tale che nulla avvenga accanto a ciò che lo sperimentatore vuole con il suo libero arbitrio e B è diverso da zero solo dal momento in cui viene prodotto A, possiamo affermare che A causa B. La causa diventa la fonte che causa B e, quindi, ogni evento B che è causato da A, è sempre influenzato da onde divergenti dal punto A. La soluzione che governa B sarà quindi del tipo dei potenziali ritardati.

Ciò implica che i fenomeni causabili sono sempre entropici. Ogni fenomeno entropico, ogni fenomeno basato su onde divergenti ha la sua causa nella sorgente da cui provengono le onde divergenti.

In questo modo arriviamo al teorema fondamentale:

Una condizione necessaria e sufficiente perché B sia entropico è che possa essere causato utilizzando un altro fenomeno A, che è la sorgente da cui vengono emesse le onde divergenti che costituiscono B.

La maggior parte dei fenomeni fisici e chimici, che possiamo studiare nei nostri laboratori, sono entropici.

La causalità si applica ai fenomeni entropici, come quelli studiati in meccanica, acustica, ottica, elettromagnetismo e chimica. Ciò non esclude che in natura possiamo avere altri fenomeni, oltre a quelli entropici, come i fenomeni sintropici, che non possono essere causati usando il nostro libero arbitrio, poiché cadrebbero all'interno dei fenomeni entropici.

Le onde divergenti implicano necessariamente la seconda legge della termodinamica, che afferma che l'entropia non diminuisce, ma aumenta nel tempo.

Da un punto di vista intuitivo possiamo considerare l'entropia come uno stato di livellamento di un gran numero di particelle. Le onde divergenti si diluiscono in spazi sempre più grandi, e se lo spazio è limitato, come accade in un contenitore, la loro intensità tende a livellarsi.

L'equazione delle onde estende questa legge a tutti i fenomeni che sono governati da onde divergenti e in questo modo la seconda legge della termodinamica non è più ottenuta da un postulato probabilistico, come il principio di Clausius del disordine elementare, ma è una logica e necessaria conseguenza della legge di causalità. Quando la legge della causalità si applica a un fenomeno, possiamo dire che questo fenomeno è entropico.

Questo è il motivo per cui è impossibile ottenere una macchina del moto perpetuo. Il degrado dell'energia è una conseguenza necessaria e logica della legge dell'entropia che si applica a tutte le macchine. L'argomentazione principale che viene usata per escludere i potenziali anticipati è che permetterebbero di realizzare macchine di moto perpetuo, convergendo l'energia che prima era dispersa verso un punto e poi divergendola, poi di nuovo convergendo, e così via per sempre.

Le principali caratteristiche e proprietà di quei fenomeni che sono costituiti da onde anticipate, che Fantappiè ha chiamato sintropiche, sono profondamente differenti dai fenomeni entropici precedentemente descritti:

— Non possono essere causati dal nostro libero arbitrio, almeno nelle loro componenti essenziali costituite dalle onde convergenti, poiché al contrario rientrerebbero nella categoria dei fenomeni entropici, che sono governati dalla legge della causalità, e caratterizzati da onde divergenti. Per la stessa ragione, i fenomeni sintropici possono essere influenzati, nella loro evoluzione, solo indirettamente da specifici fenomeni entropici, l'unico che possiamo usare, che può modificando l'ambiente in cui si svolgono, poiché è plausibile che se i due fenomeni esistono non sono separati in natura, ma intrecciati.

— Concentrano l'energia in spazi sempre più piccoli. Anche le particelle rappresentate da queste onde si concentrano progressivamente nel centro delle onde. Mentre i sistemi entropici passano da concentrati a dispersi, nei fenomeni sintropici accade esattamente il contrario. Per prima cosa abbiamo fenomeni dispersi che si concentrano in spazi sempre più piccoli. I fenomeni entropici si manifestano con caratteristiche dissipative. Un esempio è quando accendiamo un fiammifero. Abbiamo una causa che si concentra in un piccolo spazio, da cui si irradia la luce, con un'intensità che diminuisce con la distanza, diluendo l'effetto. I fenomeni sintropici si manifestano con un carattere anti-dispersivo, una manifestazione convergente, che va dal diluito al concentrato in punti specifici. Mentre i fenomeni entropici si irradiano da punti specifici, i fenomeni sintropici si concentrano su punti specifici.

– La concentrazione di energia non può essere infinita. Dal momento che non può continuare indefinitamente, dopo una fase di concentrazione sintropica, l'entropia prende il sopravvento. Ciò significa che assistiamo a un processo di scambio di materia ed energia. L'energia e la materia in entrata indicano processi sintropici, energia e materia in uscita indicano processi entropici compensatori.

– L'entropia diminuisce, poiché con il passare del tempo aumenta la differenziazione. Da un punto di vista formale rigoroso la sintropia ha lo stesso valore della seconda legge della termodinamica.

— Vediamo una tendenza alla differenziazione e alla complessità. I fenomeni sintropici si manifestano in forme complesse, come accade nei sistemi biologici che non possono essere spiegati in modo soddisfacente usando solo le loro proprietà fisiche e chimiche.
— Sono in uno stato continuo di dissipazione di energia (corpi caldi), e questa è una conseguenza del fatto che i sistemi sintropici assorbono energia ma non si evolvono verso la morte termica.

È possibile studiare scientificamente fenomeni sintropici considerando che l'equazione di D'Alembert è simmetrica rispetto al tempo.

Invertendo la variabile temporale tutte le soluzioni dei potenziali ritardati diventano soluzioni del potenziale anticipati e viceversa. Di conseguenza, un modo molto semplice per ottenere le proprietà sintropiche di un sistema da quelle entropiche è solo quello di invertire la direzione temporale.

Quasi tutti i fenomeni sono duali. Nella

nostra lingua questo è solitamente espresso aggiungendo il prefisso "anti": la combustione diventa anti-combustione, filtrazione anti-filtrazione, la materia anti-materia, energia anti-energia, ecc ... Applicando questo principio di dualità possiamo ottenere le caratteristiche dei fenomeni sintropici dai suoi fenomeni entropici.

Secondo l'equazione di D'Alembert, i fenomeni entropici si attivano quando le onde iniziano a divergere dalla sorgente. Per esempio quando accendiamo un fiammifero le onde elettromagnetiche iniziano a divergere alla velocità della luce in tutte le direzioni in modo uniforme.

Quando invertiamo il flusso del tempo, il fenomeno sintropico duale si mostra. Le onde si concentrano verso il centro della sfera, aumentando la loro intensità. Queste onde sarebbero distribuite uniformemente in tutte le direzioni, indipendentemente da dove arrivano.

Consideriamo le onde che si propagano su uno stagno. Possiamo provocare questo fenomeno, che è quindi entropico, lanciando una sasso nello stagno e osservando come le onde si propagano e divergono. Il duplice fenomeno sintropico mostrerebbe queste onde concentrarsi in un punto dal quale la pietra emergerebbe, lasciando l'acqua a riposo. Se potessimo osservare un tale fenomeno, penseremmo che una sorta di essere intelligente l'abbia organizzato.

Ora, immaginiamo un telescopio nuovo di zecca che abbiamo dimenticato nel nostro giardino. All'inizio la ruggine si forma, poi cade e si rompe. Pezzi di metallo e vetro si deteriorano gradualmente e si confondono con il terreno. Cambiando il flusso temporale, vedremmo che dalla terra diversi pezzi di metallo e vetro si separano, quindi trovano il loro posto in un progetto di lenti e tubi che formano il telescopio fino a quando non si ottiene un telescopio nuovo di zecca e perfettamente funzionante.

Ciò che ci stupisce è lo scopo finalistico, che di solito attribuiamo all'azione di un essere intelligente. I processi sintropici esprimono finalità, uno scopo, intelligenza come se una volontà agisse su di loro.

La finalità è la caratteristica dei fenomeni sintropici.

La legge della causalità e la legge della finalità sono conseguenze logiche della dualità intima delle leggi fondamentali della fisica. È possibile affermare che senza cause i fenomeni entropici non possono esistere e senza finalità i fenomeni sintropici non possono esistere. Senza cause e finalità, le equazioni delle onde sarebbero nulle. Di conseguenza, la finalità non è una manifestazione accidentale di un fenomeno sintropico, ma una condizione necessaria del fenomeno sintropico, senza il quale non potrebbe esistere.

La scienza ha studiato le caratteristiche entropiche fisiche e chimiche della vita, senza afferrare l'essenza della vita. Ora è ben acquisito in biologia, grazie agli esperimenti ideati da Pasteur, che non c'è possibilità di produrre spontaneamente la vita senza partire da una quantità minima di vita. Questo è indicato usando le parole latine «*vivum nisi ex vivo*». La vita nasce dalla vita. È impossibile creare la vita a nostro piacimento. La non causabilità della vita ci dice che è un fenomeno sintropico. È anche noto che i fenomeni vitali non possono essere influenzati direttamente, ma solo indirettamente. Ad esempio, non possiamo creare piante o animali con le nostre mani, ma possiamo solo coltivarle o allevarli.

Tutti gli organismi viventi concentrano nel loro corpo materia ed energia. Questa tendenza è visibile soprattutto nelle piante ed è dovuta al processo clorofilliano.

Possiamo quindi supporre che nelle piante esista una prevalenza quantitativa del fenomeno sintropico convergente, che è presente anche negli animali nella loro fase di crescita e quindi è bilanciato con i processi entropici nella fase adulta, che iniziano a diventare gradualmente più rilevanti con l'invecchiamento e quindi totalmente prevalente con la morte.

È interessante notare che nel metabolismo i processi sintropici di assorbimento di materia ed energia e costruzione di strutture sono chiamati *anabolici*, mentre i processi entropici di dissipazione, distruzione della struttura e rilascio di energia e materia sono chiamati *catabolici*.

Il processo sintropico di assorbimento di energia è sempre associato al suo duplice fenomeno di dissipazione di energia. Una delle principali proprietà della vita è che rilascia costantemente energia. Questo costante rilascio di energia e di sottoprodotti è accompagnato dall'assimilazione di materia ed energia. Un processo di scambio di materia ed energia che prende il nome di metabolismo.

Durante il periodo di crescita, i processi anabolici sono prevalenti e si osserva un aumento della differenziazione.

È interessante notare che la probabilità che la più piccola molecola proteica si presenti casualmente è inferiore a 10^{-600}. Questo è un numero incredibilmente piccolo, rappresentato da uno 0 seguito da 600 zeri e alla fine, sulla destra, dal numero 1. In altre parole, la formazione spontanea della più piccola molecola di vita risulta praticamente impossibile. L'incredibile quantità di proteine che la vita mostra contrasta con la seconda legge della termodinamica. Ciò significa che la legge dell'entropia non si applica alla vita e che la vita non è un fenomeno entropico.

La finalità è la caratteristica fondamentale di ogni fenomeno sintropico, analogamente al principio di causalità che è la caratteristica fondamentale di ogni fenomeno entropico.

Solo grazie al principio della finalità possiamo comprendere logicamente l'architettura più piccola e complessa dei sistemi viventi. Gli organismi si differenziano in organi che sono armonicamente coordinati e disposti in modo da raggiungere uno scopo. Ad esempio, lo sviluppo dell'occhio parte da cellule molto simili, che poi si differenziano e si sviluppano in modo tale da costruire gli elementi di un occhio perfetto, come le lenti, il corpo vitreo, che sono molto più complesse di una singola proteina.

Il principio di finalità mostra che cercare di comprendere la vita attraverso i suoi elementi fisici e chimici, che sono governati dalla causalità, è solo un'illusione. La finalità su cui si fonda la vita è duale al principio di causalità che governa i sistemi entropici. La causalità è l'essenza del mondo fisico, la finalità è l'essenza della vita. I sistemi viventi tendono a scopi. I sistemi viventi hanno una missione, e più grande è la missione, più complesso è il sistema vivente, con organi complessi destinati a raggiungere lo scopo.

La difficoltà con il principio di finalità si incontra comunemente nelle varie teorie dell'evoluzione. Se esaminiamo la teoria dell'evoluzione di Darwin, vediamo che si basa su tre fatti: la variabilità delle forme di vita, la lotta per la sopravvivenza e la lunga permanenza della vita sulla Terra. Questi fatti non possono essere negati, ma non sono sufficienti a spiegare la vita e tutte le varie specie di organismi.

Nel 1865 gli esperimenti di Mendel sull'ibridazione delle piante sembrarono dimostrare la teoria dell'evoluzione che Charles Darwin aveva pubblicato nel 1859. Ma con Mendel non stiamo assistendo alla formazione di nuove specie, stiamo assistendo alla separazione delle informazioni genetiche in diversi caratteri e forme.

Secondo Darwin, all'inizio solo pochi semplici sistemi di vita unicellulari potevano esistere.

Darwin introduce il concetto di variabilità

casuale come origine di nuove specie. Per quanto riguarda la casualità, la probabilità della formazione casuale di qualsiasi sistema vivente può essere calcolata usando la teoria cinetica dei gas che considera tutte le possibili combinazioni con la stessa probabilità. Usando questa ipotesi la probabilità della formazione della proteina più piccola è inferiore a 10^{-600}. È quindi facile immaginare quanto sia minore la probabilità di formazione di un organo, come l'occhio, l'orecchio o qualsiasi altro apparecchio che usiamo comunemente. La probabilità della formazione di un animale intero è ancora più piccola. Le permutazioni casuali che sono richieste per la formazione di una sola proteina sono maggiori di tutte le possibili permutazioni nella storia dell'intero Universo. Di conseguenza, la lunga permanenza della vita sulla Terra non è sufficiente per spiegare la formazione delle più piccole forme di vita e di ogni essere vivente. La probabilità che la vita accada per caso è di gran lunga inferiore alla probabilità di assistere al congelamento dell'acqua quando viene messa in una pentola posta sulla fiamma di un fornello.

E, se la vita è causata, dovrebbe obbedire alla legge dell'entropia e andare verso la dissoluzione di qualsiasi forma di organizzazione e complessità. Con il tempo vedremo l'aumento di entropia ed è illogico pretendere che la complessità possa essere raggiunta a spese di altri esseri o usando la luce del Sole poiché nelle prime fasi dell'evoluzione della vita sulla Terra, non c'erano altri esseri e l'atmosfera non permettevano ai raggi del sole di raggiungere la terra.

Se al contrario consideriamo la vita come un fenomeno sintropico, si applica il principio di finalità che porta ad aumentare la differenziazione, la complessità e l'armonia.

Il pianeta Terra può essere considerato come un immenso organismo vivente. Il fatto che le specie siano interdipendenti, che non possano vivere senza le altre, per esempio i frutti hanno bisogno di insetti per l'impollinazione, abbiamo bisogno di verdure… tutte queste specie possono essere considerate come parti di un organismo più complesso orchestrato da una finalità, che può essere raggiunta solo attraverso la differenziazione.

Negli esseri umani le cellule cooperano verso fini più ampi e solo in situazioni patologiche, quando perdono il loro fine, si sviluppano in modo eccessivo, soffocando altre cellule, come succede con il cancro.

All'inizio dell'evoluzione abbiamo semplici forme di vita, blocchi fondamentali per forme sempre più elevate di vita. Le specie non sono causate da specie precedenti, ma sono attratte verso forme e disegni futuri.

La sintropia risolve la profonda dissimmetria che la seconda legge della termodinamica ha introdotto nell'universo, considerando tutte le soluzioni delle equazioni fondamentali. La teoria della sintropia mostra che le soluzioni che i fisici volevano escludere rappresentano esattamente l'essenza dei fenomeni della vita, che sembravano impossibili da spiegare.

La sintropia è in grado di unificare in modo armonico diverse discipline scientifiche, aprendo così la strada a una teoria unificata, una teoria del tutto che racchiude in un unico quadro teorico coerente tutte le manifestazioni dell'universo.

Con la formulazione del metodo sperimentale il problema della scienza è stato considerato definitivamente risolto. Questo metodo considera la causalità alla base di tutti i fenomeni naturali.

Il metodo sperimentale è usato per testare le relazioni di causa ed effetto. Se i risultati sono positivi l'ipotesi è accettata, altrimenti viene respinta. Gli esperimenti forniscono il verdetto che permette di separare ciò che è vero da ciò che è falso.

Il metodo sperimentale è profondamente diverso dal metodo suggerito da Aristotele, che era utile nella formulazione delle teorie ma non forniva un modo per scegliere tra le varie ipotesi.

Il metodo sperimentale implica la legge della causalità e limita l'indagine scientifica ai fenomeni entropici. Possiamo quindi dire che la scienza galileiana è una scienza entropica.

Il metodo sperimentale è diviso in tre fasi: osservazione, formulazione di una teoria, convalida sperimentale delle sue ipotesi.

Come abbiamo visto in precedenza ogni fenomeno entropico ha un duplice fenomeno sintropico e viceversa. Di conseguenza, sebbene sia impossibile utilizzare il metodo sperimentale per testare direttamente un'ipotesi sintropica, possiamo impostare un esperimento per testare l'ipotesi duale entropica. In questo modo lo studio dei fenomeni sintropici può essere condotto indirettamente studiando i fenomeni entropici corrispondenti.

Gli scienziati sintropici dovrebbero quindi cercare i doppi dei fenomeni entropici, poiché quando riescono a farlo è possibile progredire usando il metodo sperimentale.

Applichiamo questo duplice metodo a un fenomeno che deve ancora essere spiegato, come l'assorbimento di acqua e nutrienti dalla terra e il loro aumento nelle parti più alte della pianta.

L'ipotesi dell'osmosi non regge poiché le piante acquisiscono anche sali dalla terra. Anche l'idea che i capillari siano responsabili dell'innalzamento dell'acqua se pensiamo agli alberi che possono raggiungere l'altezza dei 150 metri. Questi fenomeni di assorbimento dell'acqua e del suo innalzamento sembrano contraddire le leggi entropiche della fisica e questo suggerisce che ci troviamo di fronte a fenomeni sintropici che non possono essere causati artificialmente. Possiamo quindi applicare il metodo della sperimentazione duale.

Per ottenere il doppio entropico, immaginiamo che il tempo scorra nella direzione opposta. Vedremmo la linfa scorrere verso il basso fino a raggiungere le radici e poi l'acqua e i sali si disperderanno nel terreno. Questa doppia immagine può essere riprodotta, ad esempio, mettendo un palo non vivente nel terreno e osservando come l'acqua e i sali filtrano dall'alto verso il basso e attraverso il terreno. Questo processo entropico di filtrazione, che può essere facilmente causato in qualsiasi momento, dimostra che il processo a cui stiamo assistendo nelle piante è il doppio del processo di filtrazione. Possiamo quindi chiamarlo anti-filtrazione.

Si può obiettare che nella filtrazione la

gravità aiuta il processo. Bene, quando cambiamo la direzione del tempo cambia anche la gravità e da una forza attrattiva diventa una forza repulsiva divergente che aiuta l'acqua a salire nel processo di anti-filtrazione che osserviamo nelle piante.

Ora, prendiamo la combustione dei tessuti vegetali. Questo è un fenomeno che possiamo causare a nostra volontà e che è quindi certamente entropico. Vediamo all'inizio un corpo altamente differenziato, costituito da complesse strutture di carbonio che assorbe l'ossigeno dall'aria e quando brucia emette anidride carbonica, acqua, calore e produce una luce rossa.

Quando il processo temporale viene invertito, passando da entropico a sintropico, ci aspetteremmo che le emissioni di anidride carbonica, acqua, calore e luce rossa vengano assorbite. Questo lascerebbe la radiazione complementare al rosso che è il verde. Se ci guardiamo attorno, noteremo che questo processo sintropico di colore verde esiste davvero. Questo è il processo della clorofilla, nelle foglie verdi delle piante che assorbono anidride carbonica, acqua e calore. Il processo della clorofilla è quindi il doppio dell'entropico processo della combustione.

Studiare e determinare le leggi della combustione nei nostri laboratori può quindi consentirci di tenere conto della duplice proprietà della clorofilla.

È interessante notare che la coscienza, la volontà e la personalità umana sono processi orientati verso il futuro, mossi da finalità e non da cause. Possiamo quindi affermare che i fenomeni psichici, la nostra volontà e personalità possono generalmente essere considerati fenomeni sintropici. Per questo motivo non possono essere studiati in modo esaustivo usando l'approccio sperimentale. È anche interessante notare che azioni come le reazioni impulsive ed emotive che sono causate da qualcosa che è accaduto nel passato sono anche quelle in cui l'attività della coscienza è ridotta.

Ciò che rende la vita diversa è la presenza di qualità sintropiche: finalità, obiettivi e attrattori. Ora, mentre consideriamo la causalità l'essenza del mondo entropico, è naturale considerare la finalità l'essenza del mondo sintropico. È quindi possibile dire che l'essenza della vita sono le cause finali, gli attrattori. Vivere significa tendere verso gli attrattori.

La legge della vita non è la legge delle cause meccaniche; questa è la legge della non vita, la legge della morte, la legge dell'entropia; la legge che domina la vita è la legge delle finalità, la legge della sintropia. Ma come vengono vissuti questi attrattori nella vita umana? Quando un uomo è attratto dai soldi, noi diciamo che ama i soldi. L'attrazione verso un obiettivo è sentita come amore.

Questo suggerisce che l'essenza fondamentale della vita è l'amore:

"Non sto cercando di essere sentimentale; Sto solo descrivendo risultati che sono stati dedotti logicamente da premesse che sono sicure. La legge della vita non è la legge dell'odio, la legge della forza o la legge delle cause meccaniche; questa è la legge della non vita, la legge della morte, la legge dell'entropia."

La legge che domina la vita è la legge della

cooperazione verso obiettivi sempre più elevati, e questo vale anche per le forme più semplici della vita.

Nell'uomo questa legge prende la forma dell'amore, poiché per gli esseri umani vivere significa amare, ed è importante notare che questi risultati scientifici possono avere grandi conseguenze a tutti i livelli, in particolare a livello sociale, che ora è così confuso.

"La legge della vita è quindi la legge dell'amore e della differenziazione. Non va verso il livellamento ma verso forme più elevate di differenziazione. Ogni essere vivente ha la sua missione, le sue finalità, che, nell'economia generale dell'universo, sono importanti ... Oggi vediamo stampato nel grande libro della natura - che Galileo ha detto, è scritto in caratteri matematici - la stessa legge dell'amore che si trova nei testi sacri delle principali religioni."

METODOLOGIA SINTROPICA

La scienza (dal latino *scientia*, che significa conoscenza) è un'attività sistematica che costruisce e organizza la conoscenza sotto forma di spiegazioni e ipotesi verificabili. Una spiegazione è un insieme di affermazioni che chiariscono le relazioni tra cause, contesto ed effetti. Le spiegazioni possono stabilire regole o leggi che consentono di formulare previsioni. Le relazioni sono alla base delle spiegazioni e delle previsioni e, quando le relazioni sono studiate in modo replicabile e oggettivo, è possibile parlare di scienza.

Negli ultimi quattro secoli la scienza ha usato il metodo sperimentale, tuttavia la metodologia sintropica richiede un metodo diverso di studiare le relazioni che è generalmente noto come la metodologia delle variazioni concomitanti.

Iniziamo descrivendo il metodo sperimentale.

Il metodo sperimentale si basa sulla

metodologia delle differenze, che John Stuart Mill descrisse nel modo seguente:

> "*Se un'istanza in cui si verifica il fenomeno in esame e un'istanza in cui non si verifica, hanno in comune tutte le circostanze tranne una, quella che si verifica solo nella prima è l'effetto, o la causa, o una parte indispensabile della causa, del fenomeno.*"[52]

La metodologia delle differenze funziona così:

– Vengono formati due gruppi simili (chiamati il gruppo sperimentale e il gruppo di controllo).
– Il trattamento (la causa) è data solo al gruppo sperimentale e tutte le altre condizioni sono mantenute uguali, in modo che il gruppo di controllo differisca dal gruppo sperimentale solo per il trattamento.
– Di conseguenza, qualsiasi differenza viene

---

[52] Mill J.S. (1843), *A System of Logic*, University of Toronto Press, 1843.

osservata tra il gruppo sperimentale e il gruppo di controllo può essere attribuita unicamente al trattamento, poiché solo questa condizione cambia tra i due gruppi.

Per avere gruppi simili, la randomizzazione viene utilizzata nella convinzione che distribuisca uniformemente tutte le variabili intervenienti, tra il gruppo sperimentale e quello di controllo. Ma, in generale, non vengono eseguiti controlli per verificare se la condizione di similarità è soddisfatta e spesso i gruppi sperimentali e di controllo sono diversi sin dall'inizio dell'esperimento. Un singolo soggetto con valori estremi può produrre differenze che non sono dovute alla causa (cioè al trattamento), ma sono dovute alla dissomiglianza iniziale dei gruppi di controllo e sperimentale.

Per testare l'effetto di un farmaco la procedura sperimentale è la seguente:

- Si formano due gruppi simili, assegnando i soggetti a caso al gruppo sperimentale o al gruppo di controllo.

- Il farmaco viene somministrato solo al gruppo sperimentale, mentre tutte le altre circostanze sono lasciate simili. Il gruppo di controllo riceve quindi un placebo, una sostanza simile che non ha alcun effetto.
- Le differenze osservate tra i due gruppi possono essere attribuite unicamente all'effetto del farmaco.

Le differenze sono l'effetto e il farmaco (chiamato anche trattamento) è la causa.

Sono richieste le seguenti condizioni:

- Per studiare le differenze tra i gruppi è necessario che l'effetto possa essere sommato. Per esempio, se un farmaco aumenta in alcuni soggetti i tempi di reazione, mentre in altri soggetti riduce i tempi di reazione, quando si sommano questi effetti opposti si ottiene un effetto nullo. L'effetto esiste, ma è invisibile alla metodologia sperimentale che si basa sullo studio delle differenze.
- Le differenze possono essere calcolate solo

quando si utilizzano dati quantitativi (cioè dati che possono essere sommati). Al contrario, i dati qualitativi non possono essere sommati e non sono quindi adatti allo studio di differenze.
- Tutte le possibili fonti di variabilità devono essere controllate. È importante che nulla, oltre al trattamento (cioè la causa), possa influenzare i gruppi. Per questo motivo è necessario un ambiente controllato, che permetta di mantenere uguali tutte le possibili fonti di variabilità e in cui ogni soggetto è trattato esattamente allo stesso modo. Gli ambienti controllati richiedono un laboratori, realtà molto diverse dal contesto naturale. La necessità dei controlli limita il metodo sperimentale a conoscenza analitica, distaccata dal contesto e dalla complessità.
- È possibile studiare le differenze considerando solo una causa alla volta o al più poche cause quando si studia la loro interazione.
- Quando i campioni sono piccoli (meno di 300 soggetti), la randomizzazione non

garantisce la similarità dei gruppi e le differenze tra gruppi possono non dipendere dal trattamento, ma dalla diversità iniziale dei gruppi stessi.

Errori comuni sono:

- Le differenze possono essere causate da singoli valori estremi. Un solo valore estremo può causare risultati statisticamente significativi e portare ad affermare effetti che non esistono. Valori anomali vengono spesso rimossi, ma ciò apre la possibilità di manipolare i risultati.
- La trasformazione dei dati si riferisce all'applicazione di una funzione matematica deterministica a ciascun punto di un insieme di dati. Un esempio comune sono le trasformazioni logaritmiche. In teoria, qualsiasi funzione matematica può essere utilizzata per trasformare l'insieme dei dati. Operando in questo modo, è spesso possibile ottenere differenze tra i due gruppi, quando non ci sono effetti.
- Quando l'effetto si manifesta in direzioni

opposte, le differenze non possono essere valutate e l'effetto diventa invisibile.

Da un punto di vista statistico, la metodologia delle differenze utilizza tecniche statistiche parametriche che confrontano i valori medi e di varianza. Esempi sono la t di Student e l'analisi della varianza (ANOVA). Queste tecniche richiedono che gli effetti siano additivi (sommabili), che i dati siano quantitativi e distribuiti secondo una gaussiana, che i gruppi siano inizialmente simili e appartengano alla stessa popolazione. Ma queste condizioni non possono essere soddisfatte nelle scienze della vita e le tecniche parametriche finiscono per produrre risultati instabili.

Non sorprende quindi che uno studio pubblicato sul JAMA (Journal of American Medical Association), che ha rivisitato i risultati prodotti utilizzando il metodo sperimentale (ANOVA) e pubblicati nel periodo dal 1990 al 2003 in 3 principali riviste scientifiche e citati almeno 1.000 volte, ha rilevato che uno studio su tre è stato confutato da altri lavori sperimentali. Questa scoperta solleva seri dubbi sul metodo sperimentale, quando viene usato nelle scienze della vita.[53]

Nel maggio 2011 Arrosmith ha pubblicato nella rivista Nature uno studio che mostra che la capacità di riprodurre i risultati dalla fase 1 alla fase 2 è diminuita nel periodo 2008-2010 dal 28% al 18%, nonostante i risultati fossero statisticamente significativi nella fase 1 (la fase 1 indica studi condotti su piccoli gruppi, generalmente non superiori a 100 soggetti, mentre la fase 2 indica studi condotti su gruppi più grandi, di solito non superiori ai 300 soggetti).[54]

Gautam Naik nell'articolo *"Scientists' Elusive Goal: Reproducing Study Results"* pubblicato sul Wall Street Journal del 2 dicembre 2011, sottolinea che uno dei segreti della ricerca medica è che la maggior parte dei risultati, inclusi quelli pubblicati nelle principali riviste scientifiche , non può essere riprodotto.

---

[53] Ioannidis J.P.A. (2005), *Contradicted and Initially Stronger Effects in Highly Cited Clinical Research*, JAMA 2005; 294: 218-228.
[54] Arrosmith J. (2011), *Trial watch: Phase II failures: 2008-2010*, Nature, May 2011, 328-329.

La riproducibilità è alla base del fare scienza e quando i risultati non vengono riprodotti le conseguenze possono essere devastanti.[55] Naik nota che i ricercatori, in particolare nelle università, devono ottenere risultati positivi per pubblicare e ricevere finanziamenti.

Nell'articolo del 23 dicembre 2010 intitolato *"The Truth Wears Off"*, pubblicato su The New Yorker, Jonah Lehrer cita un passaggio di una lettera di un professore universitario, ora impiegato in un'industria biotecnologica:

"Quando lavoravo in un laboratorio universitario, trovavamo tutti i modi possibili per ottenere un risultato significativo. Modificavamo la dimensione del campione, perché alcuni dati erano anomali o i topi erano stati gestiti in modo errato, ecc. Ciò non era considerato una cattiva prassi. Era il modo in cui venivano fatte le cose. Naturalmente, una volta che questi animali erano buttati fuori [dai dati] si otteneva l'effetto e l'articolo era pubblicabile."

I massicci incentivi finanziari portano alla

---

[55] Negli Stati Uniti le industrie biomediche investono più di 100miliardi di dollari l'anno nella ricerca.

soppressione dei risultati negativi e all'interpretazione errata di quelli positivi. Questo aiuta a spiegare, almeno in parte, perché una così grande quantità di risultati ottenuti da studi clinici randomizzati non può essere replicata."

- La metodologia delle variazioni concomitanti

Nel 1992 i fisici del LEP (Large Electron-Positron Collider) in funzione al CERN di Ginevra non riuscivano a spiegare alcune fastidiose fluttuazioni nei fasci di elettroni e positroni. Sebbene molto piccole, queste fluttuazioni creavano seri problemi quando l'energia dei raggi deve essere misurata con grande precisione. Il metodo sperimentale non forniva alcun indizio e per risolvere il dilemma è stata utilizzata la metodologia delle variazioni concomitanti. I risultati hanno mostrato la concomitante fluttuazione nell'energia dei fasci di particelle del LEP e la forza di marea esercitata dalla Luna. Un'analisi più dettagliata ha mostrato che l'attrazione gravitazionale della Luna distorce molto leggermente la vasta distesa di terreno in cui è incassato il tunnel circolare di LEP. Questo piccolo cambiamento nelle dimensioni dell'acceleratore causava fluttuazioni di circa 10 milioni di elettronvolt nei raggi di energia.

La metodologia delle variazioni concomitanti utilizza variabili dicotomiche (sì/no) per produrre tabelle a doppia entrata.

Per esempio:

Incidenti	Maschi	Femmine	Totale
No	50	105	155
Sì	200	45	245
Totale	250	150	400

Concomitanze tra sesso ed incidenti automobilistici (dati inventati per questo esempio)

In questa tabella la concomitanza della variabile sesso e incidenti automobilistici è difficile da valutare, poiché i valori totali di ciascuna colonna differiscono. Quando i valori di frequenza assoluti vengono convertiti in valori percentuali di colonna, diventa facile confrontare le colonne "Maschi" e "Femmine":

Incidenti	Maschi	Femmine	Totale
No	20%	70%	39%
Sì	80%	30%	61%
Totale	100%	100%	100%

Concomitanze tra sesso e incidenti automobilistici (percentuali di colonna)

Vediamo una forte concomitanza tra "Maschi" e "Incidenti" (80%) e tra "Femmine" e "Nessun incidente" (70%). La relazione si valuta confrontando i valori con le percentuali di colonna. Ad esempio, la percentuale attesa per "nessun incidente" è 39%, mentre quella osservata nella colonna "femmine" è 70%.

Dal momento che essere maschio è determinato prima che si verifichino gli incidenti, possiamo cadere nell'errore di affermare che essere maschio è la causa di un maggior numero di incidenti automobilistici. Tuttavia, questa metodologia consente di studiare le variabili intervenienti, dividendo la tabella in due. Ad esempio, possiamo dividere la tabella precedente in due gruppi: quelli che guidano poco e quelli che guidano molto.

Guidano:	Molto		Poco	
Incidenti	Maschi	Femmine	Maschi	Femmine
No	70%	70%	20%	20%
Sì	30%	30%	80%	80%
Totale	100%	100%	100%	100%

Concomitances between sex, km driven and car accidents

In questa tabella scompaiono le concomitanze tra sesso ed incidenti. La relazione "incidenti-maschi" è quindi mediata dalla variabile "numero di chilometri percorsi", che è perciò una variabile interveniente. Di conseguenza la relazione diventa "i maschi guidano di più e di conseguenza sono coinvolti in più incidenti".

Incrociare tre variabili alla volta consente di identificare variabili intervenienti e di studiare il contesto entro il quale le relazioni sono valide.

Ad esempio, quando si trova una concomitanza tra un farmaco e la guarigione, è possibile studiare se funziona sempre, o solo a determinate condizioni, come in specifici gruppi di età, sesso, abitudini e altre condizioni.

I vantaggi della metodologia delle variazioni concomitanti sono:

- Utilizza le variabili dicotomiche. Qualsiasi informazione, quantitativa o qualitativa, oggettiva o soggettiva può essere trasformata in una o più variabili dicotomiche. Di conseguenza, consente di tenere traccia di tutti gli elementi dei fenomeni.
- Permette lo studio di molte variabili allo stesso tempo, in tal modo può tener conto della complessità dei fenomeni. Al contrario, il metodo sperimentale può studiare solo un numero limitato di variabili alla volta, in tal modo produce una conoscenza che è distaccata dal contesto e dalla complessità dei fenomeni naturali.
- Permette di effettuare controlli di variabili intervenienti e spurie, e questo viene fatto dopo e non prima. Pertanto, non sono necessari ambienti controllati come un laboratorio ed è possibile utilizzare contesti naturali.
- Con le risposte soggettive le persone

spesso rispondono usando maschere. Ad esempio, anche quando ci sentiamo infelici, soli, depressi, di solito cerchiamo di dare un'immagine di noi stessi (una maschera) che è positiva. Con il metodo sperimentale le maschere costituiscono un problema che è insormontabile e che viene risolto rimuovendo le informazioni qualitative e soggettive dalle analisi. Al contrario, la metodologia delle variazioni concomitanti può gestire correttamente le risposte mascherate.

Ciò accade perché una proprietà delle maschere è che esse influenzano non solo una variabile, ma tutte quelle tra loro correlate. Per esempio, se una persona risponde dicendo no a *"Mi sento depresso"*, quando è depresso, dirà anche di no a *"Mi sento infelice"*, quando è infelice. La concomitanza tra depressione e infelicità rimane invariata, perché entrambe le risposte si sono mosse nella stessa direzione e continuano a rimanere concomitanti.

Infelice	Depresso		
	No	Sì	Totale
Sì	3	15	18
No	*180*	2	182
Totale	183	17	200

Concomitanza tra risposte mascherate

Questa tabella mostra che le due modalità, "*Mi infelice*" e "*Mi sento depresso*", sono concomitanti, anche se la concomitanza compare dalla parte del "*No*".

Quando si usano test psicologici, che producono misure "oggettive" di depressione e felicità che non sono distorte dall'effetto delle maschere, le risposte passano dal lato positivo a quello negativo. Ma il risultato rimane invariato:

Infelice	Depresso		
	No	Sì	Totale
Sì	10	*158*	18
No	30	2	182
Totale	183	17	200

Concomitanze ottenute con informazioni "oggettive"

I risultati continuano a mostrare la concomitanza tra le variabili depressione e infelicità.

Ciò significa che se esiste una concomitanza questa si mostrerà anche quando le risposte sono mascherate, poiché le maschere si applicano in modo coerente a tutte quelle variabili che sono correlate. Questo è un punto fondamentale, poiché il problema delle maschere è onnipresente nelle scienze psicologiche, sociali ed economiche. La metodologia delle variazioni concomitanti risolve questo problema e consente in questo modo di ampliare la scienza ai dati soggettivi e qualitativi e consente alla metodologia delle variazioni concomitanti di utilizzare domande dirette, come: *"ti senti depresso?"*

- *Statistica*

Quando si utilizza la metodologia delle variazioni concomitanti, la prima cosa che dobbiamo fare è definire qual è l'unità statistica. Le unità statistiche consentono lo studio delle concomitanze tra variabili e la scelta dell'unità statistica è strettamente legata allo scopo della ricerca. Le unità possono essere persone, animali, piante, manufatti, organizzazioni.

Con la metodologia delle differenze le unità sono in una corrispondenza bi-univoca con i valori dei dati, mentre con la metodologia delle variazioni concomitanti esiste una corrispondenza uno-a-molti, poiché è possibile raccogliere un numero illimitato di dati per ogni unità.

I requisiti del campione differiscono secondo la metodologia e l'obiettivo:

- Quando l'obiettivo è quello di fare inferenze sulla popolazione dal campione, il campione deve essere rappresentativo della popolazione. Questo di solito è ottenuto con un campionamento casuale.
- Quando lo scopo è di studiare le differenze tra gruppo sperimentale e gruppo di controllo, il campione deve essere omogeneo. Questo di solito è ottenuto

distribuendo casualmente le unità attraverso il gruppo sperimentale e di controllo. Se l'obiettivo è di valutare l'effetto di un nuovo farmaco, i pazienti devono essere assegnati al gruppo farmaco (sperimentale) e al gruppo placebo (controllo) utilizzando la randomizzazione. La randomizzazione distribuisce equamente le fonti di disturbo. Quando la randomizzazione non consente la formazione di gruppi simili, l'alternativa è quella di utilizzare animali da laboratorio appositamente allevati per garantire la similarità. Gli animali da laboratorio vengono soppressi dopo essere stati usati, poiché il loro uso in un solo esperimento li rende diversi e inadatti per altri esperimenti.

– Quando lo scopo è di studiare variazioni concomitanti, il campione deve essere eterogeneo. Se l'obiettivo è quello di studiare quali fattori causano la tossicodipendenza, includeremo nel campione soggetti con diversi livelli di tossicodipendenza. La definizione del campione è pertanto strettamente correlata allo scopo. Con la metodologia delle variazioni concomitanti è importante tenere traccia di tutte le possibili variabili intervenienti e verificare successivamente le relazioni intervenienti e spurie.

La metodologia delle differenze valuta gli effetti mediante:

- Confronto delle differenze tra i valori medi dei gruppi sperimentale e di controllo e la variabilità dei campione;
- o confrontando la varianza tra i gruppi con la varianza all'interno di gruppi.

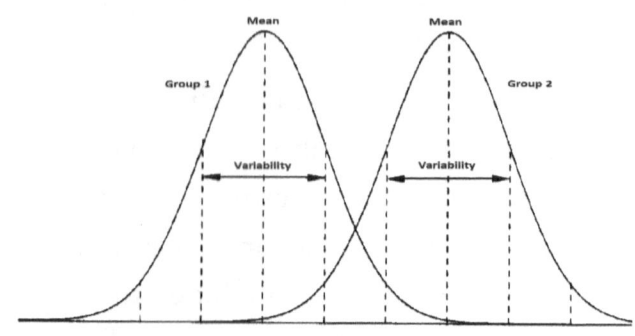

Confronto tra media e variabilità di due gruppi

La similarità iniziale tra dei gruppi è un requisito fondamentale, senza il quale è impossibile affermare che la differenza osservata sia una conseguenza della causa/trattamento. Ma, negli studi clinici, la variabilità dei soggetti può essere così grande che persino l'aumento della dimensione del campione non porta a risultati statisticamente significativi.

Quando questo è il caso, si usano animali da laboratorio. Gli animali da laboratorio sono tutti molto simili e riducono la variabilità del campione, consentendo in tal modo a piccole differenze di diventare statisticamente significative.

Vi sono ora prove crescenti che la sperimentazione animale costituisce un artefatto.[56] La ragione è molto semplice. La significatività statistica è più forte quando la variabilità è minore. Di conseguenza, quando la dimensione dell'effetto è piccola, l'unico modo

---

[56] Nella scienza sperimentale, l'espressione 'artefatto' è usata per riferirsi a risultati sperimentali che non sono manifestazioni dei fenomeni naturali, ma sono dovuti alla particolare disposizione sperimentale e quindi indirettamente all'agire umano.

per ottenere risultati statisticamente significativi è ridurre la variabilità del campione. Quando si usano animali, che sono tutti molto simili, la variabilità del campione tende ad essere nulla, e di conseguenza anche differenze insignificanti diventano statisticamente significative. In altre parole, gli animali sono troppo simili e le differenze che non hanno alcun valore reale diventano significative. Inoltre, una delle regole fondamentali nella scienza consiste nell'utilizzare campioni rappresentativi della popolazione a cui i risultati saranno generalizzati. È ovvio che gli animali da laboratorio non sono rappresentativi degli esseri umani e che gli effetti osservati con gli animali da laboratorio sono difficili da generalizzare agli esseri umani.

Infine, la metodologia delle differenze utilizza tecniche statistiche parametriche, che richiedono dati distribuiti secondo la curva gaussiana. Di solito questa condizione non è soddisfatta, tuttavia i ricercatori vanno avanti e interpretano i risultati.

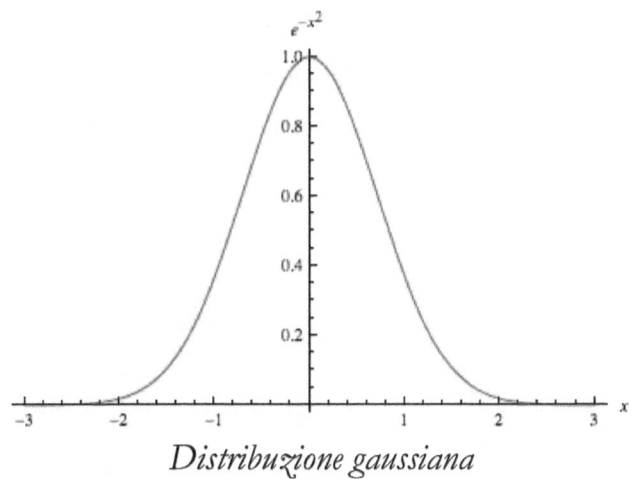
Distribuzione gaussiana

Le concomitanze richiedono variabilità: campioni eterogenei, dove la variabilità viene massimizzata. La metodologia delle differenze richiede la similarità, mentre la metodologia delle variazioni concomitanti richiede la diversità.

Ad esempio, con la metodologia delle variazioni concomitanti, in uno studio che mira a confrontare la crescita di 5 diversi tipi di colture in 5 diversi tipi di terreno, verranno considerate tutte le combinazioni e almeno 30 misure saranno prese per ciascuna combinazione. Poiché l'obiettivo è di confrontare i tassi di crescita, l'unità statistica sarà l'altezza del raccolto dopo un intervallo fisso di giorni (o un tipo simile di misurazione). Per ciascuna misurazione verrà tracciata una serie di informazioni, come il tipo di campo e il tipo di coltura, secondariamente le informazioni che pensiamo possano essere correlate alla crescita del raccolto. Alla fine avremo 650 record (30 misure x 25 combinazioni), ciascuno con dati sul tasso di crescita ed una serie di altre informazioni.

Quando le risposte tendono a concentrarsi in una modalità, sono necessarie scale di misurazione più ampie. Ad esempio, quando chiediamo *"Ti senti depresso?"* Sì/No, la maggior parte delle persone risponde No e questa piccola variabilità limita la possibilità di studiare le concomitanze. Per ripristinare la variabilità è necessario utilizzare scale più ampie, come "Quanto ti senti depresso?" 0,1,2,3,4,5,6,7,8,9,10. La maggior parte delle risposte concentrerà le risposte sui valori bassi, da 0 a 3, e il punto mediano sarà probabilmente tra i valori 1 e 2. Lo scopo della metodologia delle variazioni concomitanti è di studiare le relazioni massimizzando la variabilità. Si considereranno perciò come "No" i valori 0 e

1 e come "Sì" i valori da 2 in su.

Di solito sono richieste almeno 100 unità (cioè soggetti / record / moduli). Ma in molti studi clinici è disponibile solo un paziente. Quando ciò accade, le misure possono essere ripetute, in momenti diversi, cercando di massimizzare la variabilità. Ad esempio, se vogliamo studiare ciò che è concomitante ai nostri mal di testa, teniamo traccia, ad intervalli regolari, di tutto ciò che pensiamo possa essere correlato a questa situazione. Ad esempio, ogni sera riempiamo un modulo in cui forniamo una misura soggettiva del mal di testa, oltre a ciò che abbiamo mangiato, ciò che abbiamo visto in TV, i nostri sentimenti, ecc. Quando viene riempito un numero sufficiente di moduli (più di 100) possiamo passare all'elaborazione dei dati.

I dati possono essere raccolti in vari modi: nominale, ordinale, intervallo e rapporto.

- I dati *nominali* o categorici sono modalità mutuamente esclusive. Ad esempio: stato civile, nazionalità.

- I dati *ordinali* sono variabili in cui l'ordine conta ma non la differenza tra i valori. Per esempio, se chiediamo ai pazienti di esprimere la quantità di dolore che sentono su una scala da 0 a 10. Un punteggio di 7 significa più dolore di un punteggio di 5, e 5 è più di un punteggio di 3. Ma la differenza tra 7 e 5 potrebbe non essere lo stesso di quello tra 5 e 3. I valori esprimono semplicemente un ordine, una progressione.
- I dati ad *intervallo* sono variabili in cui la differenza tra due valori è significativa. Ad esempio la differenza tra 1 metro e 2 metri è la stessa differenza tra 3 e 4 metri. Cioè, i numeri sono distanziati sempre dalla stessa unità di misura.
- I dati a *rapporto* hanno tutte le proprietà delle variabili ad intervallo, ma hanno anche una chiara definizione del valore zero. Variabili come altezza, peso, attività enzimatica sono variabili a rapporti. La temperatura, espressa in gradi Fahrenheit o Celsius, non è una variabile a rapporto. Una temperatura di zero gradi su una di

queste scale non significa nessuna temperatura. I gradi Kelvin corrispondono invece a una variabile a rapporto poiché zero gradi Kelvin corrispondono veramente a nessuna temperatura. Quando si lavora con le variabili a rapporto, ma non con le variabili ad intervallo, è possibile utilizzare le divisioni. Un peso di 4 grammi è due volte il peso di 2 grammi, perché il peso è una variabile a rapporti. Una temperatura di 100 gradi Celsius non è due volte più calda di 50 gradi Celsius, perché le temperature in gradi Celsius non sono variabili. La scala Celsius è una variabile ad intervalli, mentre la scala Kelvin inizia dallo zero assoluto e consente di calcolare rapporti (divisioni).

Le operazioni matematiche che possono essere eseguite sono:

— nel caso di variabili nominali il valore è una modalità di un elenco, ad esempio Italia Francia, Germania. Con queste variabili è possibile solo contare le frequenze delle

modalità.
- Nelle variabili ordinali il valore è una sequenza: Primo, Secondo, Terzo; Istruzione elementare, scuola superiore, università. È possibile dividere la sequenza in alta e bassa, ad esempio istruzione alta, istruzione bassa o trattare ciascun valore come una modalità di una variabile nominale. Ad esempio, è possibile contare quante persone hanno raggiunto l'istruzione secondaria o superiore. È possibile scoprire qual è il livello di istruzione raggiunto almeno dal 50% della popolazione. Esiste un ordine, una progressione, che può essere utilizzato per creare nuove categorie (ad esempio bassa istruzione e alta istruzione) o per ordinare la popolazione. Le variabili ordinali consentono il conteggio e l'ordinamento.
- Le variabili ad intervalli consentono di calcolare valori medi e varianze poiché i dati possono essere sommati.
- Le variabili a rapporto utilizzano il valore zero assoluto e consentono di utilizzare divisioni e moltiplicazioni.

I dati possono essere trasformati in una o più variabili dicotomiche.

- Nel caso di variabili nominali, la singola modalità (ad esempio singola provincia, nazionalità, colore) può essere tradotta in una variabile dicotomica. Ad esempio, l'Italia diventa la variabile dicotomica Italia sì/no.
- Le variabili ordinali seguono una progressione. Queste variabili possono essere trattate allo stesso modo delle variabili nominali traducendo ciascuna modalità in una variabile dicotomica, ma è anche possibile tradurre le informazioni nella forma alto/basso. È importante notare che non esiste un criterio oggettivo per definire quando le modalità sono considerate alte o basse. Ad esempio, in uno studio sui professori universitari il livello più basso di istruzione potrebbe corrispondere al più alto grado in un altro studio che considera la popolazione povera dei paesi in via di sviluppo. La divisione di

una variabile ordinale in una variabile dicotomica, deve sempre tenere conto del contesto e dello scopo dello studio. Nel caso in cui nessun criterio suggerisca come dividere tra alto e basso il punto limite viene scelto bilanciando i due gruppi. Questo viene fatto usando il valore mediano.

— Quando si ha a che fare con variabili di intervallo o rapporto, i valori di taglio (cut-off point), valori che contrassegnano il passaggio (la soglia) da valori bassi a valori alti, vengono generalmente utilizzati. Lo scopo del ricercatore e lo scopo dell'analisi dei dati è solitamente quello di identificare questi valori soglia. Accade spesso che la stessa variabile possa essere tradotta in più variabili dicotomiche al fine di testare quale valore consentano meglio di identificare un valore soglia, cioè un valore che indica il passaggio da uno stato all'altro.

I dati sono il materiale grezzo, ma non tutti i dati sono adatti per analizzare variazioni concomitanti; sono necessari dati che possono essere trasformati nella forma dicotomica e raccolti in modo sistematico. Le informazioni che non possono essere codificate o trasformate nella forma dicotomica sono di scarsa utilità.

Alla fine del XIX secolo, Charles Sanders Peirce in *"How to Make Our Ideas Clear"*[57] collocò l'induzione e la deduzione in un contesto complementare anziché di contrapposizione. Peirce ha esaminato e articolato le modalità fondamentali del ragionamento che svolgono un ruolo nella ricerca scientifica, i processi che sono attualmente noti come deduzione abduzione, deduzione e induzione:

1. Durante l'*induzione* esaminiamo il problema e la conoscenza attuale sull'argomento.
2. Durante l'*abduzione* processi inconsci che portano all'intuizione hanno luogo.
3. Durante la *deduzione* le ipotesi vengono tradotte in variabili.

---

[57] Peirce C.S. (1878), How to Make Our Ideas Clear, www.amazon.it/dp/B004S7A74K

4. Durante la fase di validazione vengono raccolti i dati e vengono testate le ipotesi e le soluzioni.

Una delle fasi più delicate è quando traduciamo le ipotesi in variabili (fase 3).

Le ipotesi indicano sempre una concomitanza tra due o più variabili. Per testare queste concomitanze è necessario raccogliere i dati separatamente. Ad esempio, se l'ipotesi è che la solitudine provoca ansia, è sbagliato chiedere: *la solitudine ti provoca ansia?* perché la concomitanza tra solitudine e ansia è già data nella domanda e l'analisi dei dati non sarà in grado di dire se questa concomitanza esiste.

Per studiare la concomitanza tra solitudine e ansia è necessario formulare due diverse domande: *ti senti solo? Ti senti ansioso?*

L'analisi dei dati dirà se questi due elementi (solitudine e ansia) variano in modo concomitante e sono correlati. È anche importante chiedere informazioni in modo chiaro e diretto, evitando forme negative. Ogni variabile (domanda) deve contenere solo una informazione.

Ad esempio, la seguente domanda non è corretta poiché combina sussidi (Sì / No) con tipo di famiglia:

La famiglia ha ricevuto sussidi?
- ☐ Sì, No,
- ☐ E' una famiglia monogenitoriale,
- ☐ E' una famiglia con due genitori

La formulazione corretta è:

La famiglia ha ricevuto sussidi? Sì, No

Tipo di famiglia: Un genitore, Due genitori

Ogni variabile (domanda) deve essere relativa solo a un tipo di informazione. Durante l'analisi dei dati le informazioni saranno combinate e le concomitanze saranno studiate.

Le variabili possono essere suddivisi in chiave, esplicative e di struttura:

- Variabili *chiave* sono tutte quelle che descrivono l'argomento in esame, ad esempio se lo studio è relativo al cancro, le

variabili chiave saranno relative al cancro;
- Variabili *esplicative* sono tutte quelle che potrebbero essere correlate (collegate) alle variabili chiave, ad esempio nel caso del cancro potrebbe essere l'ambiente, lo stress, il cibo e così via;
- Variabili di *struttura* sono l'età, sesso, istruzione, professione; variabili che vengono solitamente utilizzate per descrivere il campione e il contesto.

Per scegliere variabili esplicative rilevanti, può essere utile chiedere l'aiuto di esperti che hanno una buona conoscenza della materia. È anche utile confrontare diverse ipotesi. La ricerca scientifica è un processo di continua evoluzione della conoscenza che richiede la disposizione a rivisitare, cambiare e infine abbandonare le nostre convinzioni.

Progettare un sistema di rilevazione dei dati si suddivide nei seguenti passaggi:

- dichiara quale è lo scopo dello studio (*variabili chiave*).

- elencare tutte quelle variabili (*esplicative*) che potrebbero essere correlate (concomitanti) alle variabili chiave. È molto importante tenere traccia delle ipotesi, in questo modo l'interpretazione dei risultati sarà semplice, altrimenti è facile cadere nella trappola di prestare troppa attenzione alle informazioni secondarie e produrre interpretazioni del tutto irrilevanti e di poco valore scientifico. È sempre buona norma usare più variabili per le stesse informazioni (ridondanza).
- preparare il modulo (questionario, griglia di osservazione, ...) e testarlo per valutare se funziona bene o se può essere migliorato e ottimizzato. È necessario continuare a testare il modulo fino a che si raggiunge uno standard che consideriamo accettabile.

I test statistici parametrici si basano sul presupposto che i dati delle variabili nella popolazione siano distribuiti secondo la distribuzione normale (gaussiana), che nella teoria della probabilità è una distribuzione continua, una funzione, che consente di calcolare la probabilità che qualsiasi osservazione reale cada tra due limiti qualsiasi.

Al contrario, i metodi non parametrici non fanno ipotesi sulla distribuzione dei dati. La loro applicabilità è molto più ampia dei corrispondenti metodi parametrici e, a causa della dipendenza da un minor numero di ipotesi, è più solida e semplice. Anche quando l'uso di metodi parametrici è giustificato, i metodi non parametrici sono più facili da usare e più affidabili. A causa della loro semplicità, i risultati lasciano meno spazio a usi impropri e manipolazioni.

Negli anni '60 Simon Shnoll e collaboratori furono probabilmente i primi scienziati a dimostrare che l'assunzione della distribuzione normale è solo matematica, e che nelle scienze della vita e anche in fisica è falsa.

In una rassegna di studi condotti in oltre quarant'anni, Shnoll[58] mostra la non-casualità

---

[58] Shnoll SE, Kolombet VA, Pozharskii EV, Zenchenko TA, Zvereva IM and AA Konradov, Realization of discrete states during fluctuations in macroscopic processes, Physics – Uspekhi 162(10), 1998, pp.1129–1140.
http://ufn.ioc.ac.ru/abstracts/abst98/abst9810.html#d

della struttura fine delle distribuzioni de dati, partendo dalla biologia e passando alla fisica. L'implicazione è enorme: i test basati sull'assunzione di distribuzioni casuali normali, come quelli parametrici, sono fondamentalmente sbagliati e producono risultati che sono spesso instabili e difficili da riprodurre.

La metodologia delle variazioni concomitanti utilizza indici non parametrici, tra i quali il Chi Quadrato (χ^2) è oggi uno dei più utilizzati. Il Chi Quadrato calcola le differenze tra le frequenze osservate e le frequenze attese. In assenza di concomitanza è uguale a 0, mentre nel caso di concomitanza massima è uguale alla dimensione del campione.

Il confronto con le distribuzioni di probabilità del Chia Quadrato consente di conoscere la significatività statistica della concomitanza. La significatività statistica indica il rischio accettato quando affermiamo l'esistenza della relazione. Le relazioni sono prese in considerazione quando il rischio è inferiore all'1%.

Con le variabili dicotomiche le concomitanze possono essere accettate con un rischio inferiore all'1%, con valori del Chi Quadrato maggiori o uguali a 6,635.

Quando si utilizza la metodologia delle variazioni concomitanti tutte le variabili sono tradotte nella forma dicotomica. L'incrocio di due variabili dicotomiche produce una tabella 2x2. Se prendiamo, ad esempio, le seguenti variabili A e B:

B	A		
	Sì	No	Totale
Sì	18.340	3.241	21.581
No	5.118	29.336	34.454
Totale	23.458	32.577	56.035

il valore del Chi Quadro si ottiene confrontando le frequenze osservate e le frequenze attese.

Le frequenze attese sono calcolate dividendo il prodotto dei valori totali di riga e colonna per il totale generale. Per la frequenza attesa della prima cella (Sì / Sì):

21,581 x 23,458/56,035 = 9,034

Seguendo questa procedura per tutte le celle otteniamo la seguente tabella delle frequenze attese:

B	A		
	Sì	No	Totale
Sì	9.034	12.547	21.581
No	14.424	20.030	34.454
Totale	23.458	32.577	56.035

La formula del Chi Quadrato è la seguente:

$$Chi\ Quadrato = \sum \frac{(f_o - f_e)^2}{f_e}$$

dove f_o indica le frequenze osservate e f_e le frequenze attese

Per ogni cella calcoliamo il quadrato della differenza tra le frequenze osservate e le frequenze attese diviso per le frequenze attese e sommiamo i risultati.

In questo esempio otteniamo un valore del Chi Square di 26.813, ben al di sopra del valore 6,635 da cui inizia la significatività statistica dell'1%.

Poiché il valore massimo del Chi Quadrato varia a seconda del numero di unità, è utile standardizzarlo tra 0 e 1. Questa trasformazione è conosciuta come *rPhi* e si ottiene come radice quadrata del valore del Chi Quadrato diviso per la dimensione del campione e si comporta in modo simile all'indice di correlazione di Pearson.

Le concomitanze possono essere di due tipi: dirette o inverse. Se sono dirette, le due variabili dicotomiche sono vere o false assieme, mentre se è inversa una variabile è vera quando l'altra è falsa.

Le concomitante inverse vengono indicate con segno negativo (-), mentre quelle dirette senza segno.

- *Software*

Il software Sintropia-DS è stato sviluppato per rendere disponibile la metodologia delle variazioni concomitanti. Una descrizione completa è disponibile nelle sezioni di aiuto del software o nell'edizione 2005 ad esso dedicata del Syntropy Journal.[59]

La prima versione di Sintropia-DS risale al 1982, venne distribuita con il nome DataStat ed fu ampiamente utilizzata nel Dipartimento di Statistica dell'Università di Roma. Sintropia-DS unisce database e analisi statistiche (questo è il motivo dell'estensione DS: database e statistiche).

Per installare Sintropia-DS nel vostro computer: scaricate il file zip da www.sintropia.it/sintropia.ds.zip, copiate la cartella "Sintropia.DS" dal file zip nel disco "C:", e trova l'applicazione Sintropia nella cartella Sintropia.DS.

Poiché questa versione del software risale al 2005 ed è stata sviluppata per Windows-XP, la versione più recente di Windows richiederà l'autorizzazione all'uso del programma.

---

[59] www.sintropia.it/journal

SINTROPIA
E
MECCANICA QUANTISTICA

Alla fine del 19° secolo Lord Rayleigh e Sir James Jeans estesero il teorema di equipartizione della meccanica statistica classica ad un corpo nero ideale e si trovarono di fronte ad un paradosso fondamentale.

Secondo il teorema di equipartizione, un corpo nero (che in fisica è il miglior emettitore possibile di radiazione termica) emetterà radiazioni con potenza infinita concentrata sulla lunghezza d'onda dell'ultravioletto.

Questa predizione fu chiamata la catastrofe ultravioletta, ma fortunatamente non fu mai osservata in natura.

Il paradosso fu risolto il 14 dicembre 1900 quando Max Planck presentò un lavoro, presso la Società Tedesca di Fisica, secondo cui l'energia è quantizzata.

Planck riteneva che l'energia non crescesse o diminuisse in modo continuo, ma in base ai multipli di un quanto fondamentale, che Planck definì come la frequenza del corpo (v) e una costante di base che ora è nota essere uguale a 6.6262×10^{-34} joule e che ora si chiama costante di Planck.

Planck descriveva le radiazioni termiche come costituite da pacchetti (quanti), alcuni piccoli e altri più grandi in base alla frequenza del corpo. Al di sotto del livello quantistico, la radiazione termica scompariva, evitando in questo modo la formazione di picchi infiniti di radiazione alla lunghezza d'onda dell'ultravioletto e risolvendo in questo modo il paradosso della catastrofe ultravioletta.

Il 14 dicembre 1900 è ora ricordato come la data di inizio della meccanica quantistica.

La teoria quantistica fu ulteriormente confermata da Einstein con lo studio dell'effetto fotoelettrico.

Quando la luce o la radiazione elettromagnetica raggiungono un metallo, vengono emessi elettroni, questo è chiamato l'effetto fotoelettrico. Gli elettroni dell'effetto fotoelettrico possono essere misurati e queste misurazioni mostrano che:

- fino a quando non viene raggiunta una soglia specifica il metallo non emette alcun elettrone;
- sopra la soglia specifica vengono emessi elettroni e la loro energia rimane costante;
- l'energia degli elettroni aumenta solo se viene aumentata la frequenza della luce.

La teoria della luce non era in grado di giustificare questo comportamento:

- Perché l'intensità della luce non aumenta l'energia dell'elettrone emesso dal metallo?
- Perché la frequenza influenza l'energia degli elettroni?
- Perché gli elettroni non vengono emessi al di sotto di una soglia specifica?

Nel 1905, Einstein rispose a queste domande usando la costante di Planck e suggerendo che la luce, precedentemente considerata un'onda elettromagnetica, poteva essere descritta come pacchetti di energia, quanti, particelle che ora sono chiamate fotoni.

L'interpretazione di Einstein dell'effetto fotoelettrico ha avuto un ruolo chiave nello sviluppo della meccanica quantistica, poiché trattava la luce come particelle, anziché onde, aprendo la strada alla dualità onda/particelle.

La prova sperimentale dell'interpretazione di Einstein fu data nel 1915 da Robert Millikan che aveva cercato, per 10 anni, di dimostrare che l'interpretazione di Einstein era sbagliata. Nei suoi esperimenti Millikan scoprì che tutte le teorie alternative non superavano la verifica empirica, mentre solo l'interpretazione di Einstein risultava corretta.

Diversi anni dopo Millikan ha commentato:

"Ho passato dieci anni della mia vita a testare l'equazione del 1905 di Einstein e, contrariamente a tutte le mie aspettative, fui costretto nel 1915 ad affermare la sua inequivocabile verifica sperimentale nonostante l'irragionevolezza, dal momento che sembrava violare tutto ciò che sapevamo sull'interferenza della luce."

Lo stesso Planck rimase scettico nei

confronti della propria scoperta non riuscendo a rispondere alla domanda *"perché un quanto?"* Questa domanda non ha ancora ricevuto risposta e rimane uno dei misteri fondamentali della meccanica quantistica.

La sintropia suggerisce che gli atomi vibrano tra fasi divergenti e convergenti. Nella fase divergente, gli atomi possono emettere un pacchetto (quanto) di energia, mentre durante la fase convergente possono assorbire un quanto. Nella fase divergente l'energia entropica è accessibile, mentre nella fase convergente l'energia sintropica è accessibile.

Questa interpretazione dell'atomo può rispondere a diverse domande. Ad esempio, secondo la seconda legge della termodinamica, le particelle (come l'elettrone) dovrebbero perdere rapidamente la loro carica cinetica e cadere verso il centro dell'atomo. Questo non accade.

La sintropia suggerisce che gli atomi vibrino in infiniti cicli di espansione e contrazione, in cui l'effetto dell'entropia è controbilanciato dalla sintropia durante la fase convergente: un sistema di moto perpetuo!

In questa interpretazione la dualità onda-particella è la manifestazione della dualità: causalità-retrocausalità, entropia-sintropia. Dove la causalità è deterministica e la retrocausalità è probabilistica. Due tipi di causalità unite dalla stessa energia e coesistenti in ogni manifestazione della materia.

Ma la soluzione a tempo negativo dell'energia venne considerata impossibile poiché introduce la retrocausalità e la possibilità del moto perpetuo in fisica (il moto perpetuo è però osservato negli atomi!).

Per evitare la retrocausalità, Einstein considerò la quantità di moto trascurabile, poiché il movimento dei corpi è praticamente nullo confrontato con la velocità della luce. Quando la quantità di moto è uguale a zero ($p=0$), l'equazione energia-momento-massa si semplifica nella famosa $E=mc^2$, che ha sempre soluzione positiva, senza alcun riferimento alla direzione del tempo.

Nel 1924 Wolfgang Pauli, uno dei pionieri della meccanica quantistica, scoprì che gli elettroni hanno una rotazione, un momento che si avvicina alla velocità della luce. Di conseguenza era necessario combinare la meccanica quantistica e la relatività ristretta, usando la formula $E^2=m^2c^4+p^2c^2$ e non la $E=mc^2$.

Nel 1925 i fisici Oskar Klein e Walter Gordon formularono la prima equazione che combinava la meccanica quantistica e la relatività ristretta e si trovarono con due soluzioni: una che descrive la materia e l'energia che si propagano in avanti nel tempo e l'altra che descrive la materia e l'energia che si propagano a ritroso nel tempo (ora nota come antimateria).

Nel 1926 Erwin Schrödinger rimosse l'equazione energia-momento-massa dalla Klein-Gordon ottenendo in questo modo la sua famosa funzione d'onda (Ψ).

Nel 1927, Klein e Gordon formularono di nuovo la loro equazione come combinazione della funzione d'onda di Schrödinger e l'equazione energia-momento-massa.

L'equazione di Klein-Gordon riesce a spiegare i misteri della meccanica quantistica, come la dualità onda-particella che risulterebbe dalla dualità causalità-retrocausalità. Tuttavia,

Niels Bohr e Werner Heisenberg consideravano inaccettabile la retrocausalità. Partendo dall'equazione di Schrödinger, che tratta il tempo nel modo classico formularono l'interpretazione di Copenaghen che afferma che la materia si propaga come un'onda e solo quando viene osservata l'onda collassa in una particella. Ma l'atto di osservare è un atto della coscienza. In questo modo Bohr e Heisenberg davano alla coscienza il potere di creare la realtà. Questa interpretazione sosteneva l'ideologia nazista di super-uomini dotati di poteri di creazione.

Quando Erwin Schrödinger scoprì come Heisenberg e Bohr avessero usato la sua equazione, con implicazioni ideologiche e mistiche, commentò: *"Non mi piace, e mi dispiace di aver avuto a che fare con questo."*

Nel 1928, Paul Dirac, cercò di risolvere la controversia applicando l'equazione energia-momento-massa all'elettrone. Con sua grande delusione, ottenne due soluzioni: l'elettrone e l'elettrone negativo, dove l'elettrone si muove in avanti nel tempo e l'elettrone negativo indietro nel tempo.

Heisenberg reagì con rabbia e scrisse a Pauli:

"Il capitolo più triste della fisica moderna è e rimane la teoria di Dirac ... Considero la teoria di Dirac come spazzatura che nessuno può prendere sul serio."

Nel 1931, nel tentativo di rimuovere la soluzione retrocausale, Dirac usò il principio di Pauli, secondo il quale due elettroni non possono condividere lo stesso stato, per suggerire che tutti gli stati di energia negativa sono occupati, impedendo così qualsiasi interazione tra soluzione a tempo positivo e negativo. Su questa ipotesi di un oceano di energia negativa, chiamato il mare di Dirac, si fonda il *"modello standard"* della fisica.

Tuttavia, nel 1932, Carl Anderson scoprì nelle radiazioni cosmiche gli elettroni negativi e li chiamò positroni, aprendo così la strada allo studio dell'antimateria.

Il dibattito scientifico tra relatività ristretta e meccanica quantistica venne intossicato dalle passioni politiche. Nell'aprile del 1933 Einstein scoprì che il nuovo governo tedesco aveva approvato una legge che escludeva gli ebrei dagli incarichi ufficiali, compreso l'insegnamento nelle università. Un mese dopo, le opere di Einstein vennero bruciate, e il ministro della propaganda nazista Joseph Goebbels proclamò, *"L'intellettualismo ebraico è morto."* Il nome di Einstein era sulla lista di coloro che dovevano essere assassinati, con scritto: *" taglia di 5mila marchi per la sua testa"* e una rivista tedesca lo incluse nella lista dei nemici del regime con la frase, *"non ancora impiccato."* I trattati di Einstein furono bruciati, la sua villa alla periferia di Berlino fu saccheggiata e furono sequestrati i suoi mobili, i libri, il conto in banca e persino il suo violino. Le convinzioni ideologiche di Hitler sulla scienza ebraica avevano ricevuto sostegno dal libro *"100 Autori contro Einstein."*[60] La teoria della relatività fu stigmatizzata come scienza ebraica, delirio di un ebreo mentre l'interpretazione di Copenaghen veniva imposta.

---

[60] Israel H (1931), Ruckhaber E e Weinmann R, Hundert Authoren gegen Einstein, Voigtlanders, Peipzig, 1931.

- *Non-località*

Nell'interpretazione di Copenaghen, il collasso della funzione d'onda (l'onda che collassa in una particelle) si verifica nello stesso momento in tutti i punti dell'onda. Ciò implica una propagazione istantanea di informazioni e ciò viola il limite della velocità della luce che Einstein considerava invalicabile per la propagazione delle informazioni e della causalità.

Einstein considerava la causalità locale e le velocità dovevano essere sempre inferiori o uguali a quelle della luce, mai superiori.

Partendo da questi presupposti Einstein respinse l'idea che l'informazione del collasso della funzione d'onda potesse propagarsi istantaneamente e, nel 1934, formulò il paradosso EPR, chiamato in questo modo dalle iniziali delle persone che lo formularono (Einstein-Podolsky-Rosen).

L'EPR partiva dalla scoperta di Pauli che gli elettroni hanno uno spin e che la stessa orbita può essere condivisa solo da due elettroni con spin opposti (il principio di esclusione di Pauli).

L'interpretazione di Copenaghen afferma che coppie di elettroni che condividono lo stesso orbitale rimangono correlate (entangled) mostrando spin sempre opposti, indipendentemente dalla loro distanza, violando così il limite della velocità della luce nella propagazione delle informazioni.

Il paradosso EPR rimase senza risposta per oltre 50 anni ed era considerato un esperimento mentale, al fine di dimostrare l'assurdità dell'interpretazione di Copenaghen, sollevando una contraddizione logica.

Nessuno si aspettava che l'esperimento EPR potessero essere eseguito, tuttavia, nel 1952 David Bohm suggerì di sostituire gli elettroni con i fotoni, e nel 1964 John Bell dimostrò che questo cambiamento apriva la strada all'esperimento.

Tuttavia, a quel tempo nemmeno Bell credeva che l'esperimento potesse essere effettivamente fatto. Ma gli scienziati hanno accettarono la sfida e nel 1982 il gruppo di Alain Aspect, ha pubblicato i risultati che dimostrano che Einstein aveva torto.[61]

La proprietà quantica misurata da Aspect è la polarizzazione del fotone, che può essere immaginata come una freccia che punta verso l'alto o verso il basso.

Possiamo stimolare un atomo a produrre due fotoni contemporaneamente, che vengono inviati in due direzioni diverse. Le polarizzazioni dei due fotoni devono essere opposte: se la freccia nel primo si alza, l'altra deve scendere. Ogni fotone esce con una polarizzazione ben definita e il fotone accoppiato con polarizzazione opposta. Entrambi mantengono la loro polarizzazione nel loro viaggio nello spazio.

L'interpretazione di Copenaghen afferma che qualsiasi entità quantistica con questa duplice possibilità esiste in una sovrapposizione di stati, fino a quando la sua polarizzazione non viene misurata e la funzione d'onda collassa. Solo dopo il collasso della funzione d'onda, l'altro fotone deve mostrare la direzione della freccia opposta. Nel momento preciso in cui

---

[61] Aspect A (1932), Experimental Realization of Einstein-Podolsky-Rosen-Bohm, Gedankenexperiment, Physical Review Letters, vol. 49, 91, 1982.

viene effettuata la misurazione del fotone, il collasso dell'onda forza il fotone B (che potrebbe, in linea di principio, essere nell'altro lato dell'universo) nello stato opposto. La risposta istantanea del fotone B a ciò che accade al fotone A è ciò che Einstein chiamava *"azione fantasma a distanza"*.

L'esperimento effettuato da Aspect misurava la polarizzazione in base ad un angolo, che può essere variato, rispetto alle frecce verso l'alto e verso il basso. La probabilità che un fotone con una certa polarizzazione passi attraverso un filtro disposto con un certo angolo dipende dalla sua polarizzazione e dall'angolo tra polarizzazione e filtro. In una realtà non locale modificare l'angolo con cui viene misurata la polarizzazione del fotone A, necessariamente modificherà la probabilità che il fotone B passi attraverso un filtro polarizzatore disposto ad un angolo diverso. L'esperimento non considera solo due fotoni, ma interi fasci di fotoni, o serie di coppie correlate che sfrecciano attraverso l'apparato uno dopo l'altro.

Bell aveva dimostrato che se Einstein aveva ragione il numero di fotoni che passano attraverso il filtro polarizzatore B doveva essere inferiore a quello che passa attraverso il filtro A. Questo prende il nome di disuguaglianza di Bell. Tuttavia, l'esperimento di Aspect mostrava il contrario, che il primo valore (A) è sempre inferiore al secondo valore (B). Per dirla in breve, la disuguaglianza di Bell viene violata e il senso comune incarnato da Einstein ha perso la sfida.

Sebbene l'esperimento di Aspect fosse motivato proprio dalla teoria quantistica, il teorema di Bell ha implicazioni molto più ampie e la combinazione del teorema di Bell e dei risultati sperimentali rivela una verità fondamentale dell'universo, che esistono correlazioni che avvengono istantaneamente, indipendentemente dalla distanza tra gli oggetti, e che i segnali sembrano essere in grado di viaggiare a velocità superiori a quella della luce.

Come risultato del paradosso EPR e dei risultati di Aspect sulla nonlocalità e l'entanglement, la meccanica quantistica e la relatività ristretta sono generalmente considerate incompatibili anche se entrambe sono accurate nel predire i risultati degli esperimenti.

Il conflitto tra meccanica quantistica e relatività ristretta si dipana quando accettiamo la possibilità della retrocausalità: effetti che possono propagarsi indietro nel tempo e che possono verificarsi istantaneamente nello spazio e viaggiano a velocità superiori a quella della luce.

Nel libro *"La Strada che porta alla realtà"*[62] Roger Penrose sottolinea che di solito i fisici tendono a rifiutare come "non fisica" ogni soluzione che contraddice la causalità classica, secondo la quale le cause precedono sempre gli effetti. Di solito, qualsiasi soluzione che renda possibile inviare un segnale a ritroso nel tempo viene respinta.

Anche se Penrose ha scelto di rifiutare la soluzione a tempo negativo dell'energia, afferma che questo rifiuto è una conseguenza di una scelta soggettiva, verso la quale altri fisici hanno opinioni diverse.

Penrose dedica quasi 200 pagine del suo libro al paradosso della soluzione a tempo negativo. Secondo Penrose è importante che il valore di

---

[62] https://www.amazon.it/dp/8817103004

E sia sempre positivo perché i valori negativi di E portano a instabilità catastrofiche nel modello standard della fisica subatomica.

"Sfortunatamente nelle particelle relativistiche entrambe le soluzioni dell'equazione devono essere considerate come una possibilità, anche un'energia negativa non fisica deve essere considerata come una possibilità. Questo non succede nelle particelle non relativistiche. In quest'ultimo caso, la quantità viene sempre definita come positiva e la scomoda soluzione negativa non si presenta."

Penrose aggiunge che l'espressione relativistica dell'equazione di Schrödinger (cioè l'equazione di Klein Gordon) non offre una procedura chiara per escludere la soluzione a tempo negativo.

Nel caso di una singola particella libera (o di un sistema di particelle non interagenti), ciò non porta a una seria difficoltà, poiché possiamo limitare la nostra attenzione alle soluzioni d'onda piana sovrapposte di energia positiva dell'equazione di Schrödinger. Tuttavia, questo non è più il caso quando ci sono interazioni;

anche per una singola carica di particelle relativistiche in un campo elettromagnetico, la funzione d'onda non può, in generale, mantenere la soluzione a tempo positivo. Ciò crea un conflitto con la legge di causa ed effetto in quanto introduce la possibilità della retrocausalità, di cause che agiscono dal futuro.

Nonostante il fatto che la posizione ufficiale sia quella di rifiutare la retrocausalità, un numero crescente di fisici sta lavorando a questa possibilità.

I diagrammi di Richard Feynman elettroni-positroni offrono un esempio.

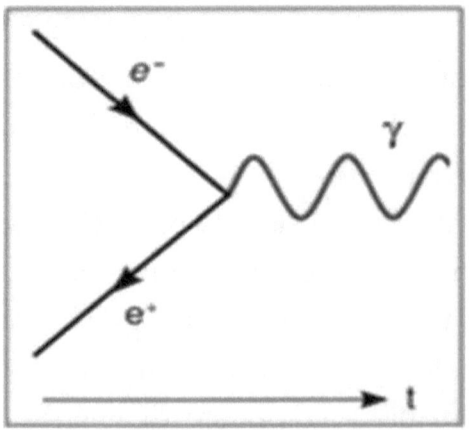

Nel diagramma le frecce a destra rappresentano gli elettroni, le frecce a sinistra rappresentano i positroni, i fotoni sono rappresentati dalle linee ondulate.

Secondo questi diagrammi, gli elettroni non si annichilano quando entrano in contatto con i positroni, ma rilasciano energia poiché cambiano la loro direzione temporale diventando positroni e iniziando a muoversi indietro nel tempo.

Quando i diagrammi di Feynman vengono interpretati implicano necessariamente l'esistenza della retrocausalità.

John Archibald Wheeler e Richard Feynman hanno utilizzato la soluzione anticipata dell'equazione delle onde per risolvere le equazioni di Maxwell.

Feynman ha anche usato il concetto di retrocausalità per produrre un modello dei positroni che reinterpreta il mare di energia negativa di Dirac. In questo modello, gli elettroni che si muovono al ritroso nel tempo acquisiscono cariche positive.

Nel 1986 John Cramer, fisico della Washington State University, presentò l'interpretazione transazionale della meccanica quantistica. L'esito degli esperimenti è esattamente uguale a quello delle altre interpretazioni quantistiche, ma ciò che cambia è l'interpretazione, la diversa prospettiva su ciò che sta accadendo, che molti trovano più facile e più coerente. In questa interpretazione il formalismo della meccanica quantistica è lo stesso, ma la differenza è come questo formalismo è interpretato.

Cramer si ispirò alla teoria dell'emettitore-assorbitore sviluppata da Wheeler e Feynman che usava la duplice soluzione dell'equazione di Maxwell. Come è ben noto anche la generalizzazione dell'equazione d'onda di Schrödinger in un'equazione relativistica invariante (equazione di Klein-Gordon) ha due soluzioni, una positiva, che descrive le onde che si propagano in avanti nel tempo, e una negativa, che descrive le onde che si propagano all'indietro nel tempo.

Questa duplice soluzione consente di spiegare in modo semplice la duplice natura della materia (onde/particelle), la non-località e tutti gli altri misteri della meccanica quantistica e consente di unire la meccanica quantistica con la relatività ristretta.

L'interpretazione transazionale richiede che

le onde possano davvero viaggiare all'indietro nel tempo. Questa affermazione è controintuitiva, poiché siamo abituati al fatto che le cause precedono gli effetti. È importante sottolineare che l'interpretazione transazionale tiene conto della relatività ristretta, che descrive il tempo come una dimensione dello spazio, in un modo completamente diverso dal nostro modo di pensare abituale.

L'interpretazione di Copenaghen, invece, tratta il tempo in modo newtoniano, e ciò richiede l'uso della coscienza in modo mistico.

L'equazione probabilistica sviluppata da Max Born nel 1926 contiene un esplicito riferimento alla natura del tempo e alle due possibili soluzioni delle onde (anticipate e ritardate). Dal 1926, ogni volta che i fisici hanno usato l'equazione di Schrödinger per calcolare le probabilità quantistiche, hanno considerato la soluzione delle onde anticipate senza nemmeno rendersene conto.

La matematica di Cramer è esattamente la stessa dell'interpretazione di Copenaghen. La differenza sta unicamente nell'interpretazione. L'interpretazione di Cramer risolve tutti i misteri della fisica quantistica, rendendola anche compatibile con i requisiti della relatività ristretta. Questo miracolo si ottiene, tuttavia, al prezzo di accettare che l'onda quantica possa effettivamente viaggiare indietro nel tempo. A prima vista, questo è in netto contrasto con la logica comune, che ci dice che le cause devono sempre precedere gli effetti, ma il modo in cui l'interpretazione transazionale considera il tempo differisce dalla logica comune, poiché l'interpretazione transazionale include esplicitamente gli effetti della relatività di Einstein.

L'interpretazione di Copenaghen, invece, tratta il tempo nella tradizionale maniera newtoniana, e questa è la causa delle incoerenze e dei paradossi che si osservano negli esperimenti.

Yoichiro Nambu (Premio Nobel per la fisica 2008) ha applicato il modello di Feynman ai processi di annientamento delle coppie particella-antiparticella, giungendo alla conclusione che non si tratta di un processo di annientamento o creazione di coppie di particelle e antiparticelle, ma semplicemente un cambiamento della direzione nel tempo delle particelle, dal passato al futuro o dal futuro al passato.[63]

Nel 1977 Costa de Beauregard usò il concetto di retrocausalità per spiegare l'entanglement quantistico.[64]

L'idea che la freccia del tempo possa essere invertita è molto recente. Fino al XIX secolo, il tempo era considerato irreversibile, una sequenza di momenti assoluti. Solo con l'introduzione della relatività ristretta il concetto di retrocausalità ha iniziato ad entrare nel mondo scientifico.

Nel 1954 il filosofo Michael Dummett dimostrò che non vi è alcuna contraddizione filosofica nell'idea che gli effetti possano precedere le cause.[65]

Nel 2006 l'AIP (American Institute of Physics, 2006) ha organizzato una conferenza a San Diego in California dal titolo "*Frontiers of*

---

[63] Nambu Y. (1950) The Use of the Proper Time in Quantum Electrodynamics, Progress in Theoretical Physics (5).
[64] De Beauregard C (1977), Time Symmetry and the Einstein Paradox, Il Nuovo Cimento, 1977, 42B.
[65] Dummett M (1954), Can an Effect Precede its Cause, Proceedings of the Aristotelian Society, 1954, Supp. 28.

Time: Retrocausation - Experiments and Theory."[66]

Nel novembre 2010, il presidente Barack Obama ha assegnato al fisico Yakir Aharonov la *Medaglia Nazionale per la Scienza* per gli studi sperimentali che dimostrano che il presente è il risultato di cause che agiscono dal passato e dal futuro. Questi risultati suggeriscono una radicale reinterpretazione del tempo e della causalità.[67]

La relatività ristretta di Einstein ha dato il via a una nuova descrizione della realtà: da una parte energia e materia che si propagano dal passato al futuro, dall'altra energia e materia che si propagano indietro nel tempo dal futuro al passato.

Einstein usò il termine Übercausalität (supercausalità) per descrivere questo nuovo modello di tempo che combina causalità e retrocausalità.

---

[66] American Institute of Physics (2006), Frontiers of Time. Retrocausation – Experimental and Theory, AIP Conference Proceedings, San Diego California, 20-22- June 2006.
[67] Aharonov Y (2005), Quantum Paradoxes, Whiley-VCH, Berlin, 2005.

Nell'articolo *"A novel interpretation of the Klein-Gordon equation,"* Wharton conclude che:

"È ovvio che la meccanica quantistica è contro-intuitiva, ma deve essere contro-intuitiva per una ragione, un'intuizione umana che contraddice alcuni principi fisici. Un esempio di ciò è il noto conflitto tra la nostra esperienza diretta del tempo e la simmetria del tempo nella fisica fondamentale. Se gli aspetti contro-intuitivi della meccanica quantistica potessero essere spiegati attraverso campi vincolati da eventi passati e futuri, sarebbe un errore rifiutare una tale soluzione basata unicamente sulla nostra percezione asimmetrica nel tempo."[68]

Nel numero speciale *"Emergent Quantum Mechanics – David Bohm Centennial Perspectives"* pubblicato da *Entropy*, la retrocausalità viene ampiamente esaminata con un totale di 126 riferimenti.[69] Questo dimostra che il concetto di retrocausalità sta finalmente entrando nel

---

[68] Wharton KB (2009), A novel interpretation of the Klein-Gordon equation, Foundation of Physics, 2009, 40(3): 313-332.
[69] Walleczek J, Grössing G, Pylkkänen P and Hiley B (2019) *Emergent Quantum Mechanics – David Bohm Centennial Perspectives*, www.mdpi.com/books/pdfview/book/1203

campo della fisica.

Nelle parole di Richard Feynman la dualità onda / particella contiene il "mistero centrale" della meccanica quantistica:

"L'esperimento della doppia fenditura è un fenomeno che è impossibile, assolutamente impossibile, spiegare in modo classico e che ha in esso il cuore della meccanica quantistica."[70]

Richard Feynman considerava questo esperimento così importante che gli dedicò il primo capitolo del terzo volume del suo famoso *"Lectures on Physics."*

La sintropia e la duplice soluzione dell'equazione di Klein-Gordon predicono la dualità onda/particella come manifestazione di causalità e retrocausalità. Le particelle sono la manifestazione della causalità, mentre le onde sono la manifestazione della retrocausalità (non ancora determinata e quindi probabilistica).

---

[70] Feynman R.P., et al. (2006),The Feynman Lectures on Physics, Addison Wesley. 4-1.

L'equazione di Klein-Gordon descrive la realtà come una continua interazione tra emettitori e assorbitori, causalità e retrocausalità, cause e attrattori.

In assenza di uno di questi due, non ci sarebbe scambio di materia o energia.

Se esistesse solo la causalità, cioè la parte che emette, una batteria avrebbe un singolo polo di emissione di elettroni. Al contrario, sono necessari due poli, uno che emette e l'altro che assorbe. In assenza di questa dualità, toccando solo l'emettitore (-) o il polo assorbitore (+), non c'è flusso di elettricità.

A livello quantistico, questa continua interazione tra causalità e retrocausalità (emettitori / assorbitori) fa sì che la materia si manifesti sempre come unità onde/particelle.

La dualità onde/particelle da sostegno alla natura supercausale della realtà con passato e futuro che interagiscono costantemente.

EPILOGO

Generalmente tendiamo a trascurare la dimensione invisibile poiché si ritiene che non esista e che le decisioni debbano basarsi solo sui fatti. Questo atteggiamento ha portato le persone lontano dalle intuizioni e dai sogni e ha limitato il processo decisionale solo a processi razionali che aumentano l'entropia.

Ciò è stato utile durante la rivoluzione industriale che ha modellato la cultura e le società occidentali, ma ora è diventato disfunzionale.

Teilhard de Chardin notava che:

"In questo momento, come ai tempi di Galileo, ciò che è essenziale (...) è un nuovo modo di pensare, legato ad un nuovo modo di agire."

Estendere la scienza ad un nuovo paradigma supercausale che tenga conto anche del lato invisibile della realtà, si intravvede un po' ovunque, ma non riceve ancora il benvenuto. Teilhard, ad esempio, fu esiliato in Cina e il

Vaticano bandì le sue opere da tutte le biblioteche poiché *"offendono la dottrina cattolica."*

Fantappiè venne censurato. Le seguenti parole di Francesco Severi[71], fondatore dell'Istituto Nazionale di Matematica Superiore di Roma, descrivo bene questa situazione:

"Riguardo al problema del finalismo, sono molto imbarazzato nell'esprimere un'opinione su ciò che qualcuno molto vicino a me chiama la scoperta del finalismo scientifico. La scienza cessa di essere scienza quando i suoi risultati non esprimono risultati causali. È possibile parlare di finalità nella scienza, ma solo in senso metafisico, senza pretesa di dimostrare nulla di positivo in proposito. Questo perché: 1) non è possibile dedurre ipotesi dal fatto che la vita è soggetta a cause finali, 2) la pura logica non può essere usata come una dimostrazione scientifica, 3) la finalità non può essere dimostrata usando il metodo sperimentale, perché nessun esperimento può essere stabilito, senza agire sulle cause prima degli effetti. Il finalismo, in breve, è a mio parere un atto di fede, non un atto di scienza."

---

[71] Francesco Severi was the founder of the National Institute of Higher Mathematics in Rome.

La situazione è ora cambiata.

È ora possibile condurre esperimenti che testano le ipotesi di Fantappiè e di Teilhard. Ciò aiuterà la transizione dal vecchio paradigma al nuovo paradigma finalistico e sintropico.

www.ingramcontent.com/pod-product-compliance
Lightning Source LLC
Chambersburg PA
CBHW031824170526
45157CB00001B/171